跌倒

人生低处的风景

于燕青 — 著

中国华侨出版社

图书在版编目（CIP）数据

跌倒：人生低处的风景 / 于燕青著 . —北京：中国华侨出版社，2017.4

ISBN 978-7-5113-6748-8

Ⅰ . ①跌… Ⅱ . ①于… Ⅲ . ①散文集—中国—当代 Ⅳ . ① I267

中国版本图书馆 CIP 数据核字（2017）第 071787 号

跌倒：人生低处的风景

著　　者 /	于燕青
责任编辑 /	嘉　嘉
责任校对 /	王京燕
经　　销 /	新华书店
开　　本 /	670 毫米 ×960 毫米　1/16　印张 /16　字数 /150 千字
印　　刷 /	北京建泰印刷有限公司
版　　次 /	2017 年 7 月第 1 版　2017 年 7 月第 1 次印刷
书　　号 /	ISBN 978-7-5113-6748-8
定　　价 /	32.00 元

中国华侨出版社　北京市朝阳区静安里 26 号通成达大厦 3 层　邮编：100028

法律顾问：陈鹰律师事务所

编辑部：（010）64443056　　64443979

发行部：（010）64443051　　传真：（010）64439708

网　址：www.oveaschin.com

E-mail：oveaschin@sina.com

自序
跌倒，一次审视自我的机会

这些年来我一次接一次地跌倒，第一次，下楼时扭伤。第二次，一辆装载"水玻璃"化学剂的车发生泄漏，致使多辆摩托车滑倒，我也是不幸者之一。第三次，雨天傍晚，一小摊隐在台阶下的漆墙涂料，将我重重地滑倒在地。第四次，是自家地板上一摊水惹的祸。第五次，在一家酒店的洗手间滑了一跤，本是去领奖的，可是，没来得及登上领奖台就上了手术台，就好像我是专程去赴难的。

就这样一次次地跌倒，一次次地手术、养伤……我渐渐地成了卡夫卡笔下的那只虫。一个人变成一只虫是怎样的感受？我重读《变形记》，那上面明明写着："……萍水相逢的人也总是些泛泛之交，不可能有深厚的交情，永远不会变成知己朋友。"卡夫卡知道他那职业终有一天会让他变成一只虫子。也许他愿意，虫子是比人更能忍受孤独的。孤独，除了卡夫卡知晓，还有一个人知晓，那就是我们的老祖宗仓颉，他比卡夫卡更早知晓的。"孤独"二字，植物在左（瓜），动物在右（狂犬旁与虫子），就是没有自己的同类。那是另一维的空间，特殊的空间，没有人能够进得去的空间，只有自己与自己做伴，自己与自己作战。

有人说"跌倒"是上天安排的，为了使人思索，为了考验人的意志与信念。我挺喜欢这个说法，平日里我们总是处于忙的状态，工作忙、家务忙、应酬忙……跌倒，是对原生活轨道的截断，从忙的状态中抽身，从日常的麻木中惊醒。一个"忙"字，有着不可思议的象形暗示，左边竖心旁，右边是死亡的亡，"忙"就意味着心的死亡。跌倒，使我不得不闲下来，在那些属于我一个人的空间里，属于我一个人的一寸一寸的痛苦光阴里，渐渐地学会审视自己、梳理自己、思考肉体和灵魂的事，然后倒空自己，让新的东西进入我的生命，也就是生命的更新。这个过程就是让生命不断淬火、弃除杂质的过程，让生命不断完美的过程，让人生更有智慧更有爱心更有意志力的过程。这个过程太重要了，西方一则典故最能说明这个问题：一位牧师正在考虑明天如何布道，他6岁的儿子总是来捣乱。情急之下，他将一本杂志内的世界地图插页撕碎，递给儿子说："来，我们做一个有趣的拼图游戏。你回房间里去，把这张世界地图还原。"牧师以为这下有时间思考第二天布道的题目了。谁知没过多久，儿子又来敲门，并说图已经拼好。果然，那张被撕碎的世界地图完整地拼接起来了，父亲大惊失色。原来，世界地图的背面是一个人像，地图不好拼接，但人像好拼接，人像对了，世界就对了。儿子的一番话让牧师茅塞顿开！"人对了，世界就对了。"他也就此找到明天布道的题目了！一个人经历正确的人生还是错误的人生，他周围的世界绝对不一样。我后来的生活都在验证这句话的真理性！一位心灵导师说过，生活这场游戏好比回飞镖，我们的思想、行为和言语，迟早会以令人惊讶的准度回报到我们自己身上。

跌倒，一个身体的事件。跌倒也叫"失足"，有人失足落水，有人失足跌入悬崖。同时"失足"不仅仅是身体的事件。嘉庆四年，和珅被抓、赐死。时人称"和珅跌倒，嘉庆吃饱"。 把失败与挫折叫"跌倒"是多么精妙的比喻，"一失足成千古恨"也是这个意思。违法犯罪的未成年人也叫"失足少年"，卖淫女叫"失足妇女"。所以，跌倒也是一种精神和心灵的事件。人生的失败、挫折、不顺，人生路上所遭遇的滑铁卢统统可以称作"跌倒"。

　　漫漫人生旅途一帆风顺的人少，人难免会遭受挫折和不幸，难免经历跌倒，孩子就是在跌倒中成长的。有人跌倒了再爬起来，有人跌倒了就再也爬不起来了，有人跌倒却能爬起来获得新生。爬起来也不仅仅是指肉体的爬起来。有人肉体跌倒了，精神却屹立不倒。伦敦一家中学有一尊雕像，是一尊倾倒的巨人。青黑色的大理石基座托举起一个高大的巨人，巨人身体前倾、一只脚踏空，像被抓拍的"跌倒"瞬间。中国一位前去参观的中学校长说："这才是最有价值的经验。"巨人雕像发人深思。我们太缺乏这方面的教育了，我们把一切失败者视为低等贱民，我们是一个不允许失败的民族，从而，没有坦然面对失败的勇气，没有勇于承担责任的勇气，生活中才有那么多被劫难、被痛苦打倒了的平庸者。

同时，跌倒也是一面镜子，比在顺境中更能看清这个世界的本质。我的"跌倒"过程就是从身体到精神的一个深入而深刻的履痕——向外，观察这个世界，向内，反思、忏悔、重生。我把所有的酸甜苦辣，生命的更新与感悟，以及因此而来的变化用文字记载下来，我渴望过一种"对了"的生活，并一直努力不懈。本书错讹处，还请读者指正。

目录

跌倒
人生低处的风景

一重更麻烦的公民身份

　　这个世界每天都有人遭遇不幸，病了几个人或死了几个人，地球照样转，太阳照样升起，繁华的街市照样车水马龙，灯照样红酒照样绿，就好像没有灾难发生过。可我的世界已然不同了。

01

　　2009 年 1 月 3 日，我在这一天跌了一跤。这些年我一次又一次地跌倒，这已是第四次了。1 月 3 日，我忽然想起两年前的这个日子，我的恩师蔡其矫去世。那天午后，我阳台桌子的一条腿忽然倾毁，桌子轰然倒塌，蔡其矫为我作序的诗集倾倒一地。一定是恩师在冥冥中向我告别，用天界与凡间特有的交流方式告诉我，他要远行了，不再回来。直到网上他驾鹤西去的消息尖刀一样刺进我的眼帘我的心窝，才知道已成永远的遗憾。重读他的诗《答》："让我化作一片云……"他那么热爱旅游，就像热爱艳遇。他说过西方一位诗人的话："旅行就是艳遇。"他一定又发现了一个好的去处，一个突然的期望和一个想飞的冲动，使他化作一片云遨游天宇去了，他要去的地方一定很远，衰老的躯壳太沉重，他必须撇下它轻装上路。

没想到，两年后的这个日子，1月3日，我沉重的躯壳将我打翻在地，肉身里的一块软骨就此成为我生命里最坚硬的东西。1月3日，一个我生命里叠加的痛，失去恩师的痛和我肉身之痛。便于我这样记忆力因多次麻醉衰退的人记住。

1月3日，钟点工琴来到家里打扫卫生，之前，我刚上蹿下跳地把家里的卫生打扫一遍，琴就来了。这段日子琴主要在照顾一个老人，只能抽空来打扫卫生，时间安排上就有点无政府主义，说来就来。我说室内卫生不用搞了，就把窗帘洗洗吧，正好快过年了。琴环顾两个落地门和三扇窗子，说一次洗不完。我这人看不得半截子没头没脑的事，于是捋起袖子和琴一起干，见那肥皂快用完了，就去取肥皂。地板很湿，就在我转身去取肥皂时，我滑倒了，暴风骤雨般的力量迅猛将我打倒在地，再次让我知道，我只不过是一根苇草。琴惊吓不小，赶紧将我扶起，嘴里埋怨说，你不是干这活的……

这个世界每天都有人遭遇不幸，病了几个人或死了几个人，地球照样转，太阳照样升起，繁华的街市照样车水马龙，灯照样红酒照样绿，就好像没有灾难发生过。可我的世界已然不同了。

我活动活动身子，除了髋关节处有点疼，其他地方好像没什么事，于是窃喜。琴说："没事没事，没事就好。"她自说自话。我还是有些担心，很多人就是髋关节摔了一下，股骨头就慢慢坏死了。我说出了我的担忧，又说，应该没事。我也是自说自话，这是恐惧和想象强烈交杂的反应。

我打开电脑写稿，大约过了半个小时，感觉膝关节有些疼，就是那个做过两次手术，让我吃尽苦头的右膝关节。我想我摔倒的姿势明明是侧卧位的啊，和当年芭蕾舞《红色娘子军》里吴清华倒下的姿势一样，又没摔到那个地方。可是琴说我是先单腿跪下的。若没有旁观者，我还真不知道呢。那一刻，头脑被抽空，厄运的脚步比我的意识更快。

刚开始我还行走自如，以为无大碍。到了晚上，便不能走了，整条腿都是无力的，又软又重又痛，渐渐地肿胀起来，膝盖像绑了个大沙袋，与第二次手术前的感觉有些相似，心里一悸说坏了！我这个没有条件生病的人，岂不又要落进病中？又要手术？我被吓得昏天暗地。昏暗，这是疾病的颜色。我赶紧躺到床上去，那夜，暗下来的不只是天色。

（03）

　　第二天晨起，膝盖仍像绑了个沙袋，酸麻胀痛，只能在家里走几步，走起来不像自己的腿，我的心情一下子就坏透了。我曾一人到外地办事，崴了脚，肿得很大，自己一个人躺在旅馆里，心想这可怎么办，我用毛巾蘸冷水冷敷，把脚架在叠得高高的被子上。第二天居然好了，肿也消了。有了那次奇迹，我就总盼望还能发生奇迹，可是没有。

　　第三天，我挣扎着去菜场，菜场离

我家有两三百米远，我想我要站起来，我要走，我要挺住，反正我不能倒下。我常听母亲说，躺下就躺下了，强爬起来挺着也就好了。母亲有点小病就是这样强挺过去的。我忘了刚摔倒一定要卧床休息的，要制动。这几乎是所有医生的医嘱。我挣扎着，我不愿意让一条腿拖累我的全身。我挣扎着，像一个人老心不老的人，要靠化妆、服装阻止衰老的步伐，只能是螳臂当车。

关节部位很麻烦。我曾在轴承厂工作过，那里生产各种轴承，滚动轴承、滑动轴承、关节轴承，等等。轴承里面有很多浸渍着润滑油的小珠子，只要一粒小珠子出了问题，整个轴承就不好使了。轴承是机器的关节。而今我身体里最大的关节——膝关节损伤了，那用以支撑身体的重量，减压、缓冲，保持柔韧度的膝关节不再是稳固和灵活的了，却不能像机器轴承轻易更换个新的，尊贵的肉体是轻易不得的。

我被恐惧打败，恐惧，轻车熟路地来了。任何坏消息都会招来恐惧，车祸、手术、噩耗、面临死亡，恐惧总是跑在最前头，先将人的意志打倒。恐惧是撒旦的先头部队，而绝望又像一群跟在恐惧这头狮子后面的鬣狗，吞吃精神的残羹剩食。可以说，它们成了我的一种经验。我不断地想起先前的手术，仿佛又听见了金属敲击骨头的声音……尽管我已做过两次膝关节手术，可我依然害怕，我就是一堆烂铁，百炼也不能成钢。我开始流泪……

（04）

　　我不仅仅怕手术刀，还怕跟手术刀一样锋利的医护人员。前一次的手术记忆犹新。往手术室去的狭长通道，如同阴阳之隔的一条渡河。有的人渡到彼岸就回不来了。我不知道我能否回来，我仰面躺在手术推床上被人推着，也许是角度和速度的变化，通道里一些人的面容渐渐变得遥远、恍惚、不真实。有一种陌生的恐惧感。

　　我被推进手术室，一门之隔，我先

生一个人在门外等待，我一个人在手术室里等待。手术是第二台，等了很久，时间一分一秒是那样的漫长，像一个被判处死刑的人，越是延长处决时间，越是增加对死亡的恐惧。隔壁手术间不时传来金属敲击骨头的声音，我惊悚地听着，仿佛疼痛有了硬度与质感。我不时地想小便。

手术室里一切都是白色的。我以往的审美情趣里，白，是出尘、空灵，是好花无色，是仙女的霓裳。此刻，围堵的四壁、俯视的无影灯、器皿、盖盘无不泛着白晃晃的寒光，此刻，白是如此恐怖、寒冷。麻醉师来了，我下意识地抓住麻醉师的袖口好像溺水人抓住了稻草，他一声呵斥："放手！"那是一张年轻的脸，同样泛着白光。麻药已将年轻麻醉师的情感也麻醉了，我突然觉得我此时更需要一个心理医生而不是一个手术医生和麻醉师。进来一位漂亮的实习护士，态度较好，我像在寒冬里看见春天里的花朵。刚入行的医护人员同情心总是有的，我不知道麻木与麻醉，哪个更强大。

麻醉师忽然被我大红的内裤晃了眼。本命年的我，大红内裤也没能帮我逃过劫难。麻醉师的声音一下子高了八度，像被蝎子蜇了一下那样："怎么还穿着裤子？"我说我来例假了。他更凶了："怎么事先不说？"我蒙了，以前做手术，麻醉师都是提前来病房了解情况，而他根本就没来过。再说了，我怎么知道来例假不能做手术？医院并没有事先普及一下这方面的知识。后来有人听了我的叙述，问我有没有给麻醉师塞红包？我这才恍然大悟，原来我是一个多么不合时宜的人呀。我应该知道，在那种被麻醉了的地方，怜悯是没有廉价的。

　　麻醉师说那就做全麻。我害怕麻药这东西，我以前做的都是半麻，起码上半身清醒着，我的灵魂还有我半个身子陪伴。我不了解全麻，没有心理准备，麻醉师一边像逼供似的逼问我做还是不做？一边很麻利地把器械和药品撤下。我不知所措，等待一台手术、等着挨上一刀容易吗？好不容易赶上专家手术，好不容易经历了烦琐劳累的住院手续与术前检查，过五关斩六将万事俱备只欠一刀呀！

这时，半路里杀出一个老麻醉师来，他来向我解释全麻的事，说并不可怕的，甚至比半麻还不痛苦的。我心里感到宽慰，心想他的态度怎么这么好呀？为什么他不是我的麻醉师呢？但我运气也不算坏，总算他来了，我想。那个年轻的麻醉师不耐烦地打断老麻醉师的话："不要跟她啰唆！叫她自己决定！"正在我不知所措的时候，我的主治医生气喘吁吁地带着助手赶来了，我像看到了救星，他介绍了一些我的情况，一些与疾病无关的情况。那一刻，我明显地感觉到，笼罩在我上方的空气一下子变软了，像冰一样融化了。原来笼罩着我的空气是一块生硬的坚冰，我闭上了眼睛，心里却有一块坚冰耸立起来了，也许要等到我们的医院学会善待每一个普通病人，一个病情高过人情的医院，我心里的坚冰才会融化。我的思维不能继续下去了，迅速地被麻药拖入无边的黑暗。现实的黑暗与麻醉的黑暗将我吞噬了。

同时，有一把比手术刀更锋利的刀切入我的灵魂，我听见和骨头同等重量的东西在苏醒，我看见被乱石和荒芜遮蔽了的内心的语言，我深入我不曾抵达的纬度，我听见有些文字迈着尖锐、疼痛蚀骨的步子立在刀尖上，这样深刻的轻盈犹如蝶在花之上。

05

我怕麻醉师，我更怕麻药。我总是
抵不过麻药那无边的黑。

第一次与麻药亲密接触是我 20 岁出
头的一次阑尾手术。我独自一人进手术
室，没有亲人在身边的手术，我自己签
字的手术。手术中我忽然牙关紧闭，浑
身颤抖，后来才知道是麻药的反应，我
抖得厉害，恍惚中我感到一只大手轻轻
抚摸了我的脸，同时把我的一缕吃进嘴
里的头发轻轻拨了出来。我没有看到是

谁的手，我不知道是谁，但那种被安抚的感觉让我忽然想哭，那是一种安慰，让我筛糠般地颤抖也缓和下来了。那个时候我是一个瘦弱白净的女孩子，容易得到怜悯和爱抚，可是在后来，随着年龄的增长，面容越来越糟糠，同情没有了、怜悯也没有了。

膝盖的第一次关节手术，用的是腰麻，也就是半麻。我上半身清醒，下半身麻木。麻醉师想让我的上半身与下半身步调一致，就给我加了一针管的药，说睡去吧！结果我睡不了也醒不了，在这两极中痛苦地跌宕。那一针管药下去我果然是瞌睡了，但却无法进入睡眠，我刚要睡过去的时候就会窒息，鼻腔喉头被什么东西堵住了那样，于是就又惊醒过来。我一次次地先是瞌睡，然后是窒息感，再然后是挣扎着醒来。我知道，醒着还是睡着，这是个问题，是个生死的大问题。

要是力气耗尽了，那我就会在瞌睡中窒息而死。我不想死，但这需要很大的气力，可我怎是麻药的对手？我感觉我像一个溺水的人，我拼命挣扎，越来越艰难，连说话的力气都没有了……我不知道我竟然有那么大的力气坚持到手术做完，我终于被人从手术室里推出来了，麻药也在渐渐式微，可我还是没有力气说话，使出吃奶的力气好不容易说出："快给我通鼻剂！"那是救命的呼喊。护工和我先生茫然而迟缓，他们犹豫地说着什么，犹豫着要不要去找医生，好像一支滴鼻剂是可有可无的，他们不知道我其实是在鬼门关挣扎。我再没力气说话，我开始烦躁，两手抓挠床头栏杆，他们这才有些怕了，才去找医生。总算被打捞上来，总算活过来了，腰椎却足足疼了半年。

第二次手术，就是上面叙述的那次全麻，我一下子就遁入黑暗，像一个惯走夜路的人，那么轻车熟路，甚至有些依恋那黑暗，沉湎其中不想转来。不知过了多久，终于听到了这个世界的声音。我听见有人在对我说话，听不清说什么，像隔得很远，此岸与彼岸的距离。我在黑暗里想起一种花，曼陀罗花，可做麻醉药。古人将此药称为"蒙汗药"。它的花，白色，又称彼岸花、生死之花、幽灵花。我被黑暗绑架，我被一朵花绑架，生死之花。我动弹不得，我又听见有人说话，这次我听清楚了："你要是听见了，就摇摇头。"我拼了全身力气可我的头壳丝毫没有被撼动。我又听到一个护士惊慌而急促的声音:"她怎么这样怎么这样?"可是我依然动不了,我拼命挣扎,却连眼皮也睁不开。不知过了多久,我终于喊出:"我还活着!"4个字,像聋哑人那样,没有人能听懂。

尽管那个老麻醉师说全麻没有关系,但是我的记忆力被部分地摧毁了,常常一件事我要问两遍三遍,以致我的护工对我误解,她告诉别人,说我可小气了,为我买的东西我都要问几遍,像审查。我其实是忘了,就像老年人,一件事情说好几遍还以为人家都不知道。

　　那涨尿的痛苦也是刻骨铭心的。我不能躺着排尿，术后 6 小时内不能起身，就只能一次次地导尿，医生也怕了，说不能再导了，会感染的，医生说你要自己排尿了。可我就是排不出来，我换了排尿的姿势，那尿就不听我指挥了。那时真正懂得了老人们长说的"能吃能拉就是幸福"。出院时，我把医院的尿壶偷偷带回了家，还是被隔壁床的瞧见了，她瞪大了狐疑的眼睛，她一定以为我穷疯了，连那玩意儿也要，让我很尴尬，我不知道该怎么跟她解释。我是要带回家练习躺着排尿的，我害怕我还会再次手术，或是有一天衰老到起不了床，我有这忧虑。后来也没有练习，那个尿壶也不知被我扔到何处去了，人就是好了伤疤忘了疼的物种。现在，这些都被我清晰地想起。

我还怕请护工，请护工是一件令人头痛的事。以前护工是从一家护理站请来的，是经过了上岗培训和防疫站体检的，现在没有了。据先前的经验，要请一个好护工，比一个光棍找老婆还难。

我也怕没完没了地跑医院就诊，前三次的跌倒求医都是跑遍所有医院，那对一个有着健康双腿的人都是不易的。这才我又联系了那个专家，他说让我在当地医院先做核磁共振。更怕做那个核磁共振。上一次是从早上 8 点直等到 12 点半。我的那条伤腿是不能久站也不能久坐，苦不堪言。问过几次叫号的护士，她总是抹搭着眼皮，爱答不理。如同进了“文革”时期的商场。改革开放，那是多大的时代之力量呀，各行各业都脱胎换骨了。改革的春风都已经吹拂了几十年了，硬是不度这"玉门关"。医院，本身就是这个时代顽固的旧疾。

我的腿不能打弯，我奇怪偌大的医院，一所三级甲等综合医院，厕所里只有蹲位的，没有坐便式马桶。连大型商场的厕所都配有坐便式马桶，甚至还装置了残疾人专用的。倒好像来医院的都是健康人，去商场的反倒是残疾人了。

07

　　我害怕因病而来的一切麻烦，那些绵长的麻烦。有一句"英雄只怕病难磨"的古话，试想，连英雄都怕病，何况我不是英雄。我以为这世上有些人是有条件生病的，他们可以安心地生病，除了忍受病痛，一切不用挂虑，自有人把他们照料好。人吃五谷，谁无生老病死？说实话，我很羡慕这等人。我生活的周围常有这样的病人，我从前在医院工作时，见到一个住院的女孩，宝贝一般被一团人呵护着，她的病看起来并不重，她哪怕挪动一下身子，她身边的一帮人便会骚动不安，像老佛爷起驾。刚开始我以为是什么高官的千金，后来听说是一大家族里唯一生下的女孩，人也以稀为贵，不重生男重生女。我是没有这个福分的，我不但要忍受病痛的折磨，因病而来的一切艰难与麻烦，我也要独自承担。同样的病，落在不同的人身上，所承受的也不同，这是一个痛苦被很多人承担，与很多痛苦被一个人承担的问题。后者，再坚强的人也会因此变得脆弱。我曾因忽然跌倒，一下子找不到保姆，一个月里每天在床头放一根火腿肠、一根黄瓜、一个馒头、一杯水打发中餐的日子，还好我这人很泼，不挑吃，好养活。

平日里一具活蹦乱跳的肉身可以做那么多事，创造那么多精神的物质的财富，可是一旦病倒就不同了。一个人的病痛是他自己的苦难，也是别人的麻烦。苦难苦难，太苦太难，这苦竟然还会生出那么多的难处来，比如今天手机里的话费用完了，需要续费；明天嘴角溃破了，需要一支金霉素药膏；后天又发现图书馆借来的书到期了，水笔也写干了……平素，这都是些很容易解决的小事情，可是现在，若没有别人的帮助，再小的事情对于我都是奢侈的，都是天上摘不到的星。

难受的时候，连沐浴也成了力气活，只能像老人那样坐着沐浴。难怪苏珊·桑塔格在《疾病的隐喻》一书开篇就写道："疾病是生命的阴面，是一重更麻烦的公民身份。"

可是这个世上还有人爱生病。苏珊·桑塔格在《疾病的隐喻》一书写到结核病是 19 世纪中叶文雅、精致、敏感的标志，和罗曼蒂克联系在一起的。结核病被看作艺术家的疾病，病人虚无而伤感，加速生命疾跑，燃烧，照亮，消解了粗俗的肉身，使人格变得空灵，大彻大悟。还可以逃避资产及义务，抽身而退，只为艺术活着。于是苍白和消瘦时兴起来，贵族们使痨病相流行开来，痨病赋予贵族外貌新的模式，恰逢贵族已不再是一种力量的时代。相反，健康被看作平庸和粗俗。

看到这些我很吃惊，我想，这生命的大荒唐，其中一个很大的原因是贵族士大夫们衣来伸手，饭来张口，不需要为生计和医药费忧虑。我曾经目睹一结核病人痛苦且毫无尊严地死去。那是个明媚的夏日，我端着采血盘到病房，我来不及为这个病人采血，也不需要了。这个痨病患者约 40 岁，穷困潦倒的模样，从他的嘴里有一丝血流绵延而出，医生见状摆摆手退下，现出无能为力的样子。他嘴里的血流越来越粗，越来越急。他母亲的哭声也由丝线般嘤嘤地，直至号啕大哭。那是一个看去同样穷困潦倒的老女人，这个把他带到这个世界的女人，又把他送出了这个世界，她看足了他的成长，生命的完整在亲人眼里是大悲。那一刻，我越过病房窗子看见开到绚烂的美人蕉，炽热的阳光让蝶翅的扇动也变得懒洋洋了，这一墙之隔，并没有隔断恸哭与蝉鸣的合奏，花香与血腥的互渗。此后，我所看到的美人蕉总是散发着死亡的气息，此后，我很难再把光明与黑暗，爱与孤独完全剥离开来。

（08）

　　我也害怕先生知道，第一次、第二次跌倒损伤的时候，都是他陪我去看病去手术，照顾我。第三次的时候，他已经不太耐烦了，现在他更不耐烦了。我也能为他设身处地想，谁有那么坚强的神经？久病床前无孝子，何况夫妻。所以我希望他不知道这件事，不知道我又跌倒。俗话说，躲得过初一，躲不过十五。我希望十五之前就能好起来。否则，他发脾气，我岂不雪上加霜呀。

上一次是雨后的晚上出门滑倒的，就是没听他的劝告，他自然有骂我的理由。这次我为自己开脱咎责，心想，我是为了洗窗帘，那是对家有功劳的，相当于工伤吧。再说，地板也忒滑，那是他当初我行我素挑选的地板砖。有这两条垫底，心里就来了底气。

　　他知道了，没骂我，也算奇迹。感谢老天让他及时头痛了一次。他没有受过皮肉的大苦，身体太好，一点头痛脑热就把他吓住，正好那几天的电视剧里有个人头痛，最后查出是脑瘤。他吓得顾不上骂我了，还惶恐地问我，不会是脑瘤吧？我窃笑，说脑瘤哪有那么轻松。果真，经过检查，除了血压有点高，没大问题。

09

我不敢妄言说这是大苦难，因为这世上，天崩地裂的大苦难多了去。我甚至怀疑汶川"5·12"大地震之后，我还有必要把这些写出来吗？很快，我的答案是肯定的，就算小苦难，可它确实给了我寻常生活里没有的感悟。一个具体的疼，以及它所带来的感悟，不管是大是小。

大苦难也应该是每一个个体苦难的总和，而不只是惊天地泣鬼神的什么壮举。很多人的眼里只有悲壮盛大的集体苦难才算苦难，只有被记载下来的遥远的苦难才算苦难。身边个体的苦难，因为没有"众"的量级，没有轰动的效应，就被人们忽略在麻木的眼皮之下。再说了，苦难也没个界限可供定性，任何苦难的前面，都有更大的苦难，只有死亡才能划出界线。

的确有人说过，你那个腿算什么啦？人家都得癌了。我回敬说，一条腿还不算什么吗？照此看来，抑郁症岂不是无病呻吟了？全身完好无缺你抑郁什么？还寻死？

就算是小苦难吧，我这所谓的小苦难有多小？我们可以测量有形之物的体积与重量，却无法测量无形之物。第二次手术时，隔壁病床一个打工妹说了一句话，让我记忆犹新。她和我同样的伤情同样的手术，她说这苦难假如能换，100万也不换！那天，她坐在床沿思索良久才说出这话。要知道她背井离乡来漳州打工，每月只挣那点可怜的工资。

(10)

日子一天天过去，膝关节一直不好，一颗牙也来兴风作浪，一直要痛起来，很不地道。治一颗牙要跑多少趟？要等多久？挂号、检查、取药排队那个烦琐，腿脚便利的人尚且畏惧。

起初只疼一阵子，我靠着药物牙膏和退火药，还能抵挡，后来这些都败下阵来，只好跟熟悉的牙医D打电话。漂亮的牙医D若不是刚生下一女孩，我会继续称牙医D为"女孩"的。D是她姓氏的头一个拼音字母，像她怀孕时那夸张的肚子侧影。D说先吃抗生素看看。我就买了头孢和甲硝唑，吃四天。D只吩咐吃三天，我感觉不太乐观就多吃了一天。停药后，小心翼翼地吃东西，惊喜牙齿居然好了。可是两天后的半夜又疼起来了，凌厉的，能把人猛地提起来的疼。逃不过的劫，还得去医院，治一颗牙要跑多少趟？要等多少久？挂号、检查、取药排队那个烦琐，想想都害怕，小小的一颗牙，牵一发而动全身。

　　一大早我去牙科排队，牙医D还在哺乳期没上班，我只好把自己交给命运。牙科门口的导诊员很殷勤地迎上来，让我惊慌的心感到一丝安慰，于是跟着他走，去到最后一间诊室，里面有一个女医生和几个实习生，病人不多。她问我痛过几次，我说基本不怎么痛，大痛就昨晚。我说难道牙齿痛跟体位有关系？我怎么一躺下它就大痛起来。女医生用鼻子笑了一声，说当然有关系，那是牙髓炎的典型症状。虽然她戴着口罩，但她强烈的表情力透口罩。好像我没有她所拥有的牙医知识就很可笑。人活世上，需要多少方方面面的知识呀？即使一生孜孜以求，又能精通几个领域？即使像我这样大半生在医院、工厂医疗室、医药企业工作过的人，也算粗通医学，但对牙齿，依然是连常识也没有的，因此，社会才需要分工，我不喜欢依仗自己的专业睥睨别人的人，可我此刻必须讨好她，来改变她强硬的态度。

经过检查，她以教训的口吻对我说，你这牙齿平时没来做检查吧？我愣了一下说没有。她郑重地说，你买一辆车还需要定期保修对不对？我赶紧点点头说对。她接着说，牙齿也是天天要用的，也是要定期保修的对不对？这下我无法点头了，她的话很对，买一辆车是需要定期保修的，可是，牙齿，谁要是不被逼上梁山，谁来医院这地方？她说，那只好先把牙神经杀死，要多跑几趟了！

第三趟来，一大帮医生正在开早会，我坐在诊室里等她。她一进来就说"来吧来吧！"发音急促，一下子就在我心里敲响不安的鼓点。要上根管了，她要把我交给实习生。如果人人都不肯让实习生练手，那他们怎么成长。可是对于牙齿，我早已如惊弓之鸟，早年一颗好牙被牙医当作坏牙车了个大窟窿，边上的坏牙却安然无恙。何况到了上根管的关键时刻，我要求她亲自做，几近哀求。文人写起东西慷慨陈词，却常常要在这个世界的某处折腰的，"五斗米"已经衍生出太多的形式。她皱着眉吼起来，说你既然相信我就要相信每个人！我不知道为什么相信她就要相信每个人，后来总算想出点眉目，她的"每个人"的范围一定是限于这间屋子的，也就是她的这三两个实习生，有名师出高徒的意味吧？最后她总算亲自给我治，这也许是个错。她拿着铁家伙在我嘴里这儿捅捅那儿掏掏，无论这里还是那里，随着她"冷兵器"般的铁家伙探进，我的牙酸痛到无法忍受，几次要从椅子上蹦起来，细碎的汗珠从鼻尖上冒出来。这样的治疗我以前也做过，别的牙医开始都会小心地试探地进行，还会问痛不痛。可她不是这样。她有些生气了，说，你这么敏感我怎么治？我忽然想起我人生第一颗龋齿的治疗医生，我特别想念那个牙医，也是在这家医院，已是40多年前的事了，40多年前他是这家医院的牙科主任，一点也不端架子。那时我还小，只记得他四十来岁模样，满脸大胡子，他说我年纪还这么小，牙齿要用好多年，于是就很耐心地给我治，果然我那颗牙被保住了，果然用了很多年。看来一个人活过几十年，嘴里往往就藏着某牙医的好口碑或耻辱柱。

最后她恶狠狠地摔下一句："一星期后再来！"我蒙了，本来说好这次要上根管的，前两次来都只间隔一天，这最后一次已是额外，至于要等一星期吗？"快春节了呀能不能提前来！"我试探地问，她不理。我又说，能不能星期四来？星期四我搭车方便。之前我已说过我住得远。她急促有力地吐出两个响亮的字："不行！"像两颗从她嘴里吐出的子弹。按说她应该跟我解释一下为什么，又没别的病人，不存在忙的因素。也许病人少和她的态度有直接关系，我内心有些阴暗地高兴了一下，这是公平带给我的安慰。她不解释，直接问我要上什么样的烤瓷牙。国产最便宜的也要400，进口的几千到一万不等。我说400就行了。她没有吭声，沉默了一会儿，我提心吊胆地观察她，她的表情发生了变化，我似乎能透过她的口罩看到她在微笑，我以为这关系到她的经济创收她才态度好一点，自然要换一副嘴脸。她说："你要是买一辆车，是不是也不能选太差的……"又是车,我心想。看来她喜欢把牙齿和车扯到一块,她的好态度来自她又想到的"车"吧,牙齿和车是风马牛不相及的,可是再一想,还真是有些关系,牙齿关系到"食",汽车关系到"行"。我们不是总说"衣食住行"吗?齐人冯谖倚剑而歌:长铗归来乎!食无鱼。长铗归来乎!出无车。这么想来,牙齿和车还真不是远亲,她的比喻不但没错,还很贴切,都有点锦心绣口了。

一星期后,我的牙神经还没有被杀死,出乎我的意料,我的牙神经比我的脑神经坚强多了。我以为我是个异数,心里就有了愧疚。没想到她一反常态地热情起来,她说她看到我从汽车上下来。她那眼神让我读出一个成语:"刮目相看"。其实每次来都是先生开车送我来的,可惜先前她没有看到,让我白白遭受了那么多白眼。因为汽车,我被刮目相看了。

我后来听D说那时她正在学开车,难怪她总是以汽车做比喻。那时汽车还不像现在这么普及,这样满大街泛滥。也许她还没买车,正满心盼望一辆车吧。这让我感觉，在一个牙医的眼里，一辆车比一颗牙重要。车也真的比牙贵重的，似乎无可厚非。可是，一辆车能换一颗上帝给你的原装牙吗？我忘不掉《悲惨世界》里芳汀走投无路时，卖掉一颗牙的痛心疾首。头发剪掉还可以再长出来，牙齿拔了就不能再长了，那多难看，这个美丽的姑娘因为出卖了牙齿，一夜工夫老了10岁。

随手书简

　　我现在看人的视线多是下潜的，我看到太多矫健的双腿，特别是那肌肉发达的，走得飞快的，让我羡慕不已，那是一种怎样的幸福呀！谁不会走路呀，自从蹒跚学步到成年，谁把走路当回事？那是太自然的事了，自然到被忽略，我们每天都在重复的动作，一旦失去才知道那是多么的重要，多么的珍贵。人是不看重自身拥有的幸福，只把自己没有的当作幸福，人的幸福永远在别处。

01

　　都说人在病中的思维力犀利，鲁迅在《狂人日记》中多处写到："凡事总须研究，才会明白。"最经典的是："我横竖睡不着，仔细看了半夜，才从字缝里看出字来……"原来病人的眼睛具有这样的穿透力。可我倒觉得自己麻木不仁了，书大都看不下去，自然没有什么可研究，没有字缝效应。更多的是昏睡，我纳闷怎么会有这么多的觉，也许是想要一觉醒来腿就好了，又可以蹦蹦跶跶，想走多久就走多久。

醒来的时候，腿自然是没有好，脑子却变得更加空白，没心没肺地看着电视剧，《杨三姐告状》是一个古装电视剧，很好看。渐渐地就被里面的情节牵制。心想，我怎么又上心了？他们只是演戏，卸下道具就没这回事了，我安慰自己。可是人生这出戏不也一样吗？等到我们都卸下肉身这副道具，不也都一样吗？

谁知道是不是一样呢？或许不一样的吧？盖棺方定论，定得了论吗？谁知到了那边会不会被推翻……

（02）

这些天天气很好，阳光明媚，能出去走走该多好？大自然的美无与伦比，可我却不能欣赏了，一个腿脚不好的人，就是一个被大自然流放了的人。"大自然"一词是最唯物的词，把一切都看作是自然的。即使按进化论，那也是无数代动物付出的代价，也不是自然而然的。那山水看起来是恒定不变的，可我们看得出太阳有什么变化吗？据科学家说，太阳每天都在变，我们每天面对的都是一轮崭新的太阳。

　　我现在看人的视线多是下潜的，我看到太多矫健的双腿，特别是那肌肉发达的，走得飞快的，让我羡慕不已，那是一种怎样的幸福呀！谁不会走路呀，自从蹒跚学步到成年，谁把走路当回事？那是太自然的事了，自然到被忽略，我们每天都在重复的动作，一旦失去才知道那是多么的重要，多么的珍贵。人是不看重自身拥有的幸福，只把自己没有的当作幸福，人的幸福永远在别处。走路，走路，这么自然的一件事，忽然就成了生疏的。走路，走路，目前我最大的愿望就是能正常地走路。

　　我常常看着窗外发呆。一个很丑的女人骑着自行车过去了，一个很老的男人步伐却很矫健地走过去了，一只狗的四蹄很有节奏地敲打着地面过去了。安静了一会儿，一只老鼠也窜过去了。我羡慕地看着一切能走能跑的生物。

（04）

　　这几年连续不断地损伤，似乎把一
生一世的损伤一口气完成了。这是最漫
长的一次，9个多月了还没好，人何以堪？
9个多月，至少20次的重新损伤，也许
因为锻炼过头，也许不得要领会。每一次
我都以为是跌进爬不出来的深渊了，可
每一次我都挣扎着爬出来了，但至今还
没爬上岸，老天是让我学习百折不挠的
功课吗？

　　所有医生的说法都不一样，即使同

一个医生也前后不符，一定是被我顽固的病腿弄蒙了，我找不到和我一样遭遇的人。昨天又给关节专家打电话，我问为何这么久还不痊愈？他说软骨……本来他诊断是韧带，韧带比起软骨真是小问题，因为软骨周围没有血管，医生断言软骨是不能康复的。他说特别是老化的软骨，有的越来越严重。我本想问问可不可以手术摘除，就像摘除阑尾、胆囊那样，与那可恶的软骨彻底划清界限。但他是很有名望的专家，时间宝贵，我不敢打扰太久。他最后一句还是给了我阳光，他说："我估计你会好！"好在我是个很乐观很有信心的人，医生说我能好一分，我就认为我能好三分甚至五分。

我原单位（医院）的老同事，如今已是医院副院长了。他说了一个跟我年纪相仿的人，做了关节手术后依然不能康复。也是因为软骨退化造成康复艰难。我有些蒙了，对于老化退化这个问题我不认同，我明明是摔了一跤造成的，难道衰老是这样的突兀？这样的跳跃？是今天18岁，明天68岁吗？衰老是浑然不觉的缓慢，一夜愁白了少年头更多的是在文学作品里。

没有任何的路标告诉我前方是何处，不是所有的病痛都是朝着必好的方向发展。我是那在茫茫旷野跋涉的人，我必须做自己康复的医生，不断地总结经验，寻找规律。史铁生在《病隙碎笔》中说到一个哲学家告诉他，危卧病榻，难有无神论者。我虽没有严重到那个程度，但长久反复地一次次被困于有限的方圆，使我看到了人的无奈与渺小。我不得不把渴求的目光从人中上移，移到头顶三尺的地方，我渴望奇迹。

(05)

再过几天就是春节了，儿子就要回来了，多么盼望在他回来之前好起来。没有告诉他，不想让他担忧。我总是摔跤，他已被我吓成惊弓之鸟，总是打电话很突兀地问："你好吗？"我回答得都烦了。最近他不再这样问了，我就真的不好了。他对我又何尝不是这样？他胃肠炎，半夜去打吊针。他打球鼻骨骨折，回家时鼻梁上贴着胶布，不让我看。他无微不至，他给我买衣服给我买护膝，买冬天洗碗用的橡胶手套，买我所有爱吃的食品……

我去厦门学习，他就带着我到处吃他吃过的好吃的饭菜，想把世界上所有的好东西一下子都装进我的胃里。我幸福得头发晕，把手机都丢在了餐馆里，他便回去找。他送我上车后，忽然怕我手机又丢了，就给我打电话看看我是不是带在身上，这才放心。坐在车上，我想哭，感谢人有泪腺，当悲欢超过我们承受的限度，便可以开闸洪泄。我坐的那个位置正好适合哭泣，左右无人，前后的人又都看不见。

忽然想起他小时候做作业，怎么都做不好，我嫌他笨就踢了他一脚，我当即就害怕了，因为我听到骨头咔嚓声，那晚，我哭到半夜，起来看他，小脸还挂着眼泪。我怎么会有这么粗暴的行为？我听一个去美国的华人抱怨美国法律的荒唐，说，自己的孩子都打不得，有什么意思？我却好羡慕这个法律，在我情绪失控的时候，谁来规整我？时间过去很久了，我忏悔了再忏悔，还是不能原谅我那罪恶的一脚。我愿意我频频摔伤的这条腿就是那条罪恶的腿，罪有应得的腿。可这又给我的儿子造成了负担。

06

　　不知睡了多久，醒来已是晚上6点多钟了，还是被电话铃声叫醒的，是母亲打来的电话，询问我的腿。6点钟的房内很黑了，风掀动着窗帘，把暮色一扇一扇地送进来，有一种凄凉的味道。好久没有这样观看暮色了，暮色比房间亮，平时天一暗下来就开灯了，没有注意。想起李清照的《摊破浣溪沙》："病起萧萧两鬓华，卧看残月上窗纱……"现代人不再需要月光，现代人太实际，灯光比月光亮，灯光取代了月光，人工制作胜过了老天的创造。古时候的才子佳人，他们是一些离月亮很近的人。美人，或凭栏望月，或踏着月影踱回廊，骚人墨客，或举杯邀明月，或起舞弄清影……

早年，当落日还在房头，暮气便氤氲地铺开，没有灯光，没有肆声，月亮在树梢里穿行，时隐时现，我们在清水一般的月光中打量自己的影子，有时写实，有时夸张。那时，我还不懂什么现实主义，印象派，行为艺术等。那时我们常聚在忙碌了一天的大人身边听故事。于是，上下五千年的神话故事、坊间传说，民间轶闻便在蛙鸣和昆虫的交响曲中娓娓叙来，许多人，一把蒲扇在手，噗噗地拍打着驱赶蚊虫，与那些跌宕起伏的故事和着节拍，像戏台上帷幕开处的锣鼓点数、凤箫象板。直至苍苔露冷，瞌睡袭来，一群人方才作罢。即便没有月光的夜晚，但人和人挨得很近，也就不感觉夜的黑。此时只有我一个人，我一个人在这偌大的黑夜里，直至先生回来。

先生从超市买了菜回来，开始煮饭。我想帮一手，他说你赶紧去坐着吧！言下之意很清楚，我那条不经摔的玻璃腿他是怕了。我悻悻地打开电脑，他进房间扫地，说，要命！你这腿都几次了。他说得对，我知道这样不好，可我没有办法，劫难说来就来，我无处可躲。

一会儿他说饭熟了，像是命令。他不常做饭，以前我会斩钉截铁地说"你先吃！"可仰赖别人是没有权利说这话的。三菜一汤，难为他了。喝一口汤，奇咸！再撰一口菜吃，又咸又辣，那青菜就像是腌过的咸菜。他是个重口味主义者，油盐糖醋辣，口味重极了，尤其吃盐很凶，比我父亲还凶。我父亲原来抽烟很凶，一天要两包多。医生说他气管不好，最好戒烟。于是他说戒就戒，没有一点反复。他自己都自豪地说他很有毅力。可是这些年他血压高了，医生让他少吃点盐，他是怎么也办不到。看来，有些人戒盐比戒烟难，习惯比本性难移。

我还是勉强吃了两碗饭，本来不敢说什么，他自豪地问："菜做得怎样？"我于是就照直说了。他非常生气："那我以后就不要放盐了！"他曾经买回螃蟹让我煮，他吃了生气地说："简直没法跟你过！"因为我没按他的习惯，把螃蟹煮得连里面的肉都发咸，还要放很多味精，吃得嘴唇都发麻发疼。我无心厨房之事，早年还有些兴趣。那时他父亲从老家来，品尝了我的厨艺便赞不绝口。总让他妹妹跟我多学着点。我婆婆很擅外交，老家话叫"嘎伙人"，但不善烹调，每次吃我婆婆做的饭菜，心里便同情起我公公，这样的饭菜吃了一辈子。可是现在我对美食一点兴趣也没有了。其实，烹调这也是需要天赋的。我的母亲很擅烹调，会裁缝，针织活更绝，算是远近闻名。和母亲相比，我是什么也不会。

想想我先生也不容易，我心里就有些内疚，我应该在说出真话之前先表扬他一下，毕竟他辛苦了一番。一会儿，他拿了橘子来给我吃，他是否也内疚了？

07

　　我看不清康复的脚步，它有时是静止的，好久好久都不肯往前迈一步，有时是循循渐进的，还有时是倒退的。还有，就是忽然地腾空一跃，拔高到我不敢仰望的高度。我原以为"五一"可以出去旅游的，却远远没有康复，就想"国庆节"肯定是行的。现在时候近了，感觉那依然是个梦，就在我灰心的时候，我的腿忽然就好了许多。就好像那植物不是一天天长大的，而是忽然有一天就成了参天大树。我承认，这其中的奥秘非我所明。

　　人是忘恩负义的东西，在我的腿好转之前，我是多么渴望好转呀，它超过了我所有的愿望，包括我最高的理想，这让我深深体悟到健康的重要。那将是怎样的欣慰呀，我总是一遍遍地想象康复的狂喜，想象等腿能走了，我要去为我的母亲买新衣服，我要去拜访我的老师，我要弥补我亏欠过的朋友……那么多的计划都在肚腹里酝酿。刚刚看到康复的曙光，我真的非常高兴，我都想在人群里高声唱歌了，我的快乐漫溢着。可是，腿果然好转，才两天，我就不那么高兴了，而是别的鸡毛蒜皮的、微小的、不重要的事情又让我感到忧愁了。我给儿子打电话说我腿好多了，让他不要挂念。他回电话干涉我的康复计划，我竟然性急起来。接下来我又被一个势利之人所做的一件事伤害了，我的可怜的自尊心呀，与其说是自尊心，倒不如说那是我脆弱的、不甚的内心深处。我为什么这么着急？我为什么那么生气？那重要吗？我的腿好多了，干吗还要对这些小事认真？我真的搞不清楚。看来一个经历过大风大浪的人未必就是一个通达、隐忍、坚强的人。

　　人是怎样对待病痛困苦的？每一次劫难，朋友都要重新排序。因为有人把这看作霉气，躲之犹恐不及。文章本来的题目是《病中书简》，发到博客却让人望而却步，只好改成《随手书简》了，最后还是删除了。我甚至不敢告诉某些人说我病了，不仅仅怕人麻烦，也不仅仅是自卑的体现。这到底是怎么回事？不是说苦难是财富吗？不是说苦难是化了妆的祝福吗？那么躲避和歧视病痛困苦不就如同躲避和歧视财富、祝福了吗？人又为什么要在财富、祝福面前自卑？因为人终归只能看到表面的。

　　尽管自古以来，但凡成功者都有磨难的经历，尽管孟子早就说过"故天将降大任于斯人也，必先苦其心志，劳其筋骨，饿其体肤……"可是，生活中不也有那么多痛苦了一辈子的平庸者吗？可是，生活中不也有那些多艰难困苦的平庸者吗？人生这一盘棋岂能全盘皆输？有些人看到某人遭难，暗地里说那是报应，还说，那么痛苦地活着，还不如死了。有人就真的不能忍受而寻了短见，这真是全盘皆输。看来，祝福来到，要看我们是不是有一个迎纳的心态，这很重要。我愿以此念来安慰自己的心灵。

据说人在天堂永远年轻漂亮，没有
病痛，可以吃东西，也可以不吃东西。多
好呀！这很难让人相信，却很让此刻的我
向往。现在我也常常是不吃东西的，常常
一整天只吃一个馒头，常常吃完馒头才发
现忘了就菜，而那盘菜就在面前，我却视
若无睹，我已经六神无主。蝴蝶是从毛毛
虫变来的，美丽的蝴蝶也是不吃东西的，
丑陋的毛毛虫才贪婪地吃个不停。而人不
吃东西就会变丑陋，就会从蝴蝶变成了毛
毛虫。好在美丑已不能让我上心。我的心
全在腿上，害怕要做手术，害怕腿好不了。

这天，腿感觉好些了。心里一高兴立马就有了食欲，于是就想为自己做一顿饭。我信心百倍地到附近菜场去，刚走到菜场大门口，那腿的感觉忽然如一堵墙坍塌了，顷刻间万念俱灰，要做几个菜的"雄伟"计划自然也泡汤了，只好改变计划买熟食，以便回去就可以吃。吃，只是为填饱肚子，万念俱灰的人没有食欲，也就没有兴趣做饭。这时手机响起，朋友说要请我去华侨饭店吃饭，说她和她先生要开车来载我，这像一个讽刺剧。

我一再拒绝朋友热情邀请，我说我一点心情也没有。我的眼光落在前面三四步远的一个大饼摊，是的，只要一个大饼就够了。大饼摊与我只隔三四步远，可那份难受使得我连那三四步路都迈不开腿了。边上是一间水果店，我曾是那里的常客，就央求一个熟悉的服务员，让她帮我买两个大饼。她说她们上班时间不能离岗，说完还不解地看了我一眼。最后我还是没有买到我需要的大饼。

12

　　等待检查报告单，无疑是等待命运的宣判，心里忐忑。报告很快就出来了，我问核磁共振科主任，损伤厉害吗？他说让我听医生的，我说就先听听你的看法。他说我的损伤不太厉害。我愣了一下，然后双手一下子捂在胸前，我立刻想到那个打工妹的 100 万之说，心里果真比捡到 100 万还高兴。我打电话告诉母亲，母亲也很高兴，她说："这下可以过个好年了！"母亲很重视过春节，他们那辈人都是这样的。为了让我们过好春节，她曾经隐瞒下自己的病情，耽误了最佳治疗时间，以致后来做了大手术，真是得不偿失呀。我一高兴差点欢呼起来，考虑到那可是医院，肃静之地，不敢造次。回家的路上我忽然有了饥饿感，有胃口的那种饿，真好。而且想睡觉。好像原来有个什么精神的东西在那里撑着，忽然就松懈下来。但我知道必须要等厦门医院的专家确诊才是权威的，我先高兴一把再说。回家后，我为自己煎了一个鸡蛋，用牛奶煮了麦片。好久没有这样认真地对付一顿饭了，我拖着一条不好使的腿在厨房里挪动，没想到这么简单的一餐，我竟也要在厨房来来回回走那么多趟。原来我们的双腿是这么的辛苦，腿脚好的时候竟然都被忽视了。

13

去医院的路上，从车窗望去，我看到一个断了一条腿的人，架着双拐在路上一迈一迈地走。空着的那条裤腿，在风中飘摇，一股悲凉袭上心头。若是平时看到这场景我不会太在意的，也不会多想什么，也许想了、怜悯心也动了，但不一会儿就肯定忘了。对于别人的苦难我们常常是麻木的，而自己受苦时，就会抱怨："为什么我这么苦？"好像我们生来就该享福，别人就该受苦。我们何德何能只配享福？我们究竟对宇宙做出了什么贡献？

我相信，我从车窗看去的这一刻，是上天特意为我安排的场景，告诉我，不要抱怨了，你比他幸运多了，你还有双腿。想起史铁生《病隙碎笔》里说："生病的经验是一步步懂得满足。发烧了，才知道不发烧的日子多么清爽。咳嗽了，才体会不咳嗽的嗓子多么安详。刚坐上轮椅时，我老想，不能直立行走岂非把人的特点丢了？便觉天昏地暗。等到又生出褥疮，一连数日只能歪七扭八地躺着，才看见端坐的日子其实多么晴朗。后来又患'尿毒症'，经常昏昏然不能思想，就更加怀念起往日时光，终于醒悟：其实每时每刻我们都是幸运的，因为任何灾难的前面都可能再加一个'更'字。"看来人的幸福是需要比较，需要不断地自我提醒的。

我开始学习感谢生命，我每天努力多次对自己说，我很幸运，因为我还有腿，因为我的腿没有恶化，还越来越好转。这样做，我变得比以前快乐些了。没有想到，奇迹也在悄悄地发生，我似乎已经感觉到那个结果，我拭目以待。

生命的阴面

　　有人让我找高人算算，也就是让我寻找逢凶化吉的秘方。可是对于命运，我有权利专选好的剔除我认为不好的吗？这是不是骄傲与愚昧的表现？何况我又怎么知道什么是好的什么是不好的？诸多经验已证明许多事不过是"塞翁失马"的不断翻版。

(01)

　　我看见天花板上有光的形体，它们时而单调、时而繁复，不同时辰有不同的图案，有时还挺深奥。我这样白天躺着夜晚躺着，在膝关节再次摔伤的初期，我就这样昼夜不分没完没了地躺着，时间也随之慢下来，慢慢品尝这生命阴面的丰盛。苏珊·桑塔格说过："疾病是生命的阴面。"是的，我落在这生命背阴的一面里了。

　　我的落地门正对着环城路，外面传来轰隆隆的声响，那是环城路上滚滚不绝的车声，这闷头闷脑的声音里有着重锤的力量，听多了可以把头砸晕。我惊诧平时竟忽略了这么大的动静，健康时总是忽略了太多的东西。外面摩肩接踵的人皆匆匆模样。突然一个念头就出现在我的脑海：我此刻所看到的这些人，再过100年，便都不在了。100年，在历史的长河中是多么短暂呀。可落在病中的日子，一分一秒都是漫长的。

（02）

　　收到李西闽寄来的大著《幸存者》，扉页写着"燕青，任何磨难都是生命的财富，祝福你！"我知道很多作家有磨难，马塞尔·普鲁斯特因患哮喘病，一生大多时间都在床榻上度过，过着孤独生活的他却写出了《追忆逝水年华》这样的世界名著。博尔赫斯一生在图书馆博览群书，当他被任命为阿根廷国家图书馆馆长时，他的双眼几乎失明。他因此自嘲："命运赐予我80万册书由我掌管，同时却又给了我黑暗。"正是在这黑暗中，博尔赫斯写出了传世的作品。经历患难后的考门夫人写出了被誉为苦难的心药的畅销书《荒漠甘泉》，帮助了无数在困苦中的人。周文王也是遭幽禁时写出《周易》，司马迁受宫刑后写《史记》。看来，苦难真是财富，可我承受不了这样的财富。

关于磨难，史铁生在他的《病隙碎笔》中写道："失业、失恋等等。这么多年我渐渐看清了这个人，若非如此，料他也是白活。若非如此他会去干什么呢？我倒也说不准，不过我料他难免去些火爆的场合跟着起哄，他那颗不甘寂寞的心我是了解的。他会东一头西一头撞得找不着北，他会患得患失总也不能如意，然后，以'生不逢时'一类的大话来开脱自己和折磨自己。不是说火爆就一定不好，我是说那样的地方不适合他，那样的地方或要凭真才实学，或要有强大的意志，天生的潇洒，我知道他没有，我知道他其实不行可心里又不见得会服气，所以我终于看清：此人最好由命运提前给他一点颜色看看，以防不可救药。不过呢，有一弊也有一利，欲望横生也自有其好处，否则各样打击一来，没了活气也是麻烦。抱屈多年，一朝醒悟：老天对史铁生和我并没有做错什么。"

不能不说，这些让我从中得到了抱慰，但依然不能带领我走出痛苦，也许我需要在痛苦中修炼。有人让我找高人算算，也就是让我寻找逢凶化吉的秘方。可是对于命运，我有权利专选好的剔除我认为不好的吗？这是不是骄傲与愚昧的表现？何况我又怎么知道什么是好的什么是不好的？诸多经验已证明许多事不过是"塞翁失马"的不断翻版。

03

天渐渐暖和起来，可是我的受伤的膝盖还没有暖和起来，旋即炎炎盛夏已到，大地上早已生机盎然，我的这个膝关节依然不被诱惑，兀自冰凉着，它似乎永远地停留在那个冬天里。两个膝盖对这个世界的感觉不再是相同的温度。

04

生活，这是个意象词，生着就是活着，鲜活的，这些词都在说明一个事实，那就是说生命是动态的。而我，长时间的寂静，嗅到了死亡的气息，那是巨大的恐惧，我需要生，永远的生。寂静，使我获得一个特殊的视角。这纯净的寂静是久病给予的。疾病是把人的视线从世界拉回自身，从物质拉回内心深处。

健康是平地的，俯视的，向外的，视野里更多的是餐桌的宴乐，内心存的多是俗世的意念。生病是海拔的，仰望的，向内的，让你与天更近，在危难之中，在走投无路之时，人常常会举头望天，呼喊："天呀！"这时的人便不再像往常那样过度注目金钱地位，这个时候，肉体与灵魂最近。

05

　　患难中人喜欢读《约伯记》。史铁生读《约伯记》悟出了人不可以逃避苦难，亦不可以放弃希望。史铁生自己也是这样的。因为希望，哪怕信心的前面没有福乐做引诱，哪怕是不断的苦难，哪怕是曾有过的信心动摇，最终老天还是赐更大的福给了屡遭厄运的约伯。史铁生在苦难中也是一直没有失去希望的，他的脚下没有路，他的笔下是一条金光大道。

女作家李黎在儿子死后也看《约伯记》，当她看到约伯的儿女死后，神又赐给约伯新的儿女，新儿女美貌无比。李 23 点金子，因为他的后面有黄金屋般的永生。

（06）

我读《约伯记》读出了一种隐喻，我以为约伯的遭遇也是死亡的预演。难道不是吗？难道死亡不就是失去亲人、财富和自己的肉身吗？以赤裸裸的灵魂面见老天吗？《约伯记》里面不是有一句约伯对老天说的话吗："我从前风闻有你，现在亲眼看见你。"我们现世的人不也把死亡说成是去见上帝吗？

据说只有一小部分人会考虑生死之

问题，大部分人来不及考虑。然而，中国人是爱听好话的民族，忌讳谈论死亡。连谈论都不肯更何况考虑呢，自欺欺人地喊着："万岁万岁万万岁！"好像这样就不会死了。于是，中国话发明了很多对"死亡"的叫法：升天了、走了、千古了、上路了、去土州了、去黄土县了、仙游了、驾鹤西去了，就是不肯直接说"死了"。这些叫法都是当着死者亲属面说的，背地里才敢说得畅快些，比如说："完了"。这"完了"是很让人害怕的话，"完了"就是终结了，等同于失败了，那让人多么不甘呀，要不怎么会有那些赚死人钱的，要不那些扎纸人、纸马、纸轿子的怎能一直延续下来，据说现在有纸电视、纸宝马车、纸飞机了。若你听到山东人说某某人老了，那就是说某某人死了。把"老了"同"死了"混为一谈，就是把老境与永恒连为一体，这是最哲理的。闽南语说人死了叫"过身了"，我以为最玄妙、最宿命、最传神，像一缕游魂在肉体之上游走而过。

除了庄子，谈论死亡的多半是外国的思想家、作家。在托尔斯泰、陀思妥耶夫斯基的作品里你总能看到彼岸的高度，神性的光芒。相比，我们的作家写的更多的是生活的一地鸡毛。蒙田说"死亡，是人生最为关注的事情之一"。他说，当我们看到他人死去的时候，我们很难想到自己也有那么一天，或者说离死还很遥远。即便是死到临头了，亦不愿相信这是自己留世的最后时刻。我恍然，自己不也是这样的人吗？也是这样的自以为是，多么可笑。

很多人都以为自己是天下重要的人物，举足轻重、非同小可，不会轻易就死去。即便这世上到处都有战乱、车祸等意外，飞机一次失事都是几十上百人，我们仍不以为然。认为天生我材必有用，似乎要用到永远，长生不老。似乎死亡对于我也是一件意外，不是必然。要知道，汉朝武将霍去病死时只有20多岁，写下传世之作《唐璜》的诗人拜伦也死于36岁。两弹功勋郭永怀在一次核试验回途中，飞机失事身亡，死，就那么10秒钟。老天并没有因为谁是成功者就让他享天年长寿。

生病，就是上天给了我机会来思考这些问题，这是否是另一种幸运？死亡，这是每个人都要邂逅的一个词，无论你愿意不愿意。

虚构与非虚构之痛

那些能滑倒人的东西像是专门等待我的到来，清水、污水、玻璃水、乳胶漆诡异地等待在我的必经之路。滑倒，这个动作的惯性是多么猛烈的力呀，它加重我的摔伤。"滑倒"二字在我命运的字典里被涂上了最凶险的颜色。

(01)

"人不能两次踏进同一条河流"，可我的腿却多次踏进同一条河流，这已是第四次腿部损伤了，除了第一次运动损伤，后面的三次损伤皆为滑倒所致。

第二次，一辆装载"水玻璃"化学剂的车发生泄漏，致使多辆摩托车滑倒，我也是不幸者之一。"水玻璃"不言而喻，像玻璃一样滑的水。

第三次，雨天傍晚，一小摊隐在台阶下的漆墙涂料，将我重重地滑倒在地。

第四次，是自家地板上一摊水惹的祸。

这让我想起果戈理《外套》中对那个令人心酸的小人物阿卡基耶维奇的一段描写："……他还有一种特别的本领，每次走在街上，正当别人从窗口扔下乱七八糟的东西时，他就恰好赶上，于是他的帽子总有西瓜和香瓜皮之类的污秽之物点缀其上。"看来我也有一种特别的本领，就是，哪里有能滑倒人的东西，我就奔向哪里。那些能滑倒人的东西像是专门等待我的到来，清水、污水、玻璃水、乳胶漆诡异地等待在我的必经之路。滑倒，这个动作的惯性是多么猛烈的力呀，它加重我的摔伤。"滑倒"二字在我命运的字典里被涂上了最凶险的颜色。

（02）

因了这一次次的重复之劫，我的生命也变得谲诡。于是，常有人这样问我："怎么又摔倒了？怎么搞的？"这话分明指向一个玄而未解的超科学困惑。他们即便不这样问，我也会自问。不是我搞的，我也不想这样搞。我若有答案我愿意像祥林嫂那样一遍遍地回答他们，可我没有答案。

人们寻找答案其实就是寻找意义。霍桑故居的一面玻璃窗上有一行小字：

"人间的一切意外，都是上天的有意安排。"是当时霍桑跟他的妻子看窗外乡村风景时，他妻子情不自禁用戒指上的钻石刻下的一行字。我不知道他妻子当初看到了什么，不知道是什么激发了她这样的灵感，但这世上确有太多意外发生的事件都有它的含义。

更多的人看到的是身体层面的问题，怀疑我的骨头出了问题。朋友建英就这样认为的。可我知道我的骨头没问题，不知为什么，我就是很坚定地这样认为。前年，也就是第三次，那左腿摔得厉害，肿得像一个大木棍，骨头却丝毫未损，只把肉摔烂了，后来伤口感染发炎，久溃不愈，又有人怀疑我是糖尿病，有个医生说是"丹毒"，后来又有个医生怀疑那块糜烂的肉转恶性了。可都不是。在医生面前你最好什么都不是。至于右腿的膝关节，那样的意外，即使身健如运动员也是无可奈何的。后来我的想法在一位德高望重的骨科专家那里得到了证实。是建英问的，那医生一口否认我的骨头有问题，态度很坚定。这样一来似乎就更显得吊诡。我记录下这些生命里的诡秘与疼痛，不知它们会将我带向何处。

日子一天天过去，步履依然艰难，但感觉有好转，心里还是高兴的。我扶着楼梯下楼去，我以为养了一个多月可以去买菜了，没想，我一脚高一脚低就像踏在波浪上，这时才知道家里的地板有多平。刚走出小区大门口，我就知道不行了，接下来便是满心的绝望。糟糕的是，我看上去还不坏，还能走，一步一步，没有人知道我正经历着怎样的煎熬；一步一步，我走在痛苦的深渊。

我甚至不能将这些感觉描述出来。那种拘挛的滞重的火辣辣的痛向后腿窝反射，那不像痛、麻或是涨，又好像都是，那酸好像也不是酸，像是骨头将要被折断的一刹那，踏空蹈虚的惊骇感，让我的腿找不到支点，这感觉真是可怕。迈步像棍子，落地像面条，打软腿的，伸不直站不稳，仿佛腿的两节是脱离的，底下的支撑不住上面的，关节里面的零件像是散了，那关节里的脆响隐含着一种空，好像被折断了的干树枝。那仿佛是死亡的声音。

　　说了这么多也依然是说不清道不明，感觉永远超过语言。尤其是面对医生的询问，我特别无助，我的语言不能抵达我感觉的那个世界，我说出的话都像是虚构的。我想起约翰·班维尔写的那段话："那些日子里，疾病是一片特殊的领域，一块没有人可以进得去的隔离带，带着颤抖的听诊器的医生不行，甚至妈妈把她冰凉的手放在我发烫的额头上也不行。那块领域就像我现在感觉到自己所处的环境一样，远离所有地方，远离所有人。"

　　我再次想起我曾央求一水果店服务员帮我买大饼的

事，她拒绝了，并不解地看了我一眼。因为大饼摊只与我相隔三四步远，那一眼实实在在地告诉我，你休想让一个双腿健康的人，一个和你不同病的人能理解你。我根本不相信这世上会有一个和我同病的人，就像世上没有两片相同的树叶，即使有，也难得此刻正好在这菜市，正等着与我相遇，所以最后我还是没有买成我需要的大饼。

04

起初我并不怎么惊慌，一个多月过去，我就以为两个月能好；两个月不好，就以为三个月总可以吧。三个月还不好也没关系，不是说伤筋动骨一百天吗？100天过去了，我又用北方人说的："伤筋动骨一百五。"还有50天呢，反正年岁大了，不比年轻的，就多养些日子。可是日子一天天地又过去了，我以为4个月肯定好。5个月、6个月了，我便有些害怕起来，就想这是好不了么？这样的想法你无法排遣，何况人见人问："怎么还不好？" 8

个月、9个月、10个月……那是一分一秒地用痛苦度量的。

病势的绵长就足以让人发疯，我看不到希望。更糟的是这样的反复，时好时坏。这时好时坏的反复是致命的打击，我甚至都准备办康复庆祝会了，计划已经列出，还要露几手炒几个菜，请客的名单都列好了。还计划去很多地方，去拜访朋友，可最后都落空。后来才知道，我的康复还远着呢。随着时间的推移，我也越来越恐惧了。病势的绵长就足以让人发疯，让人看不到希望。更糟的是伤处的时好时坏，有时，那感觉，相差一小时就是一个分界线，两重天。一边是病情好转的狂喜，一边是看不到康复的绝望。

时好时坏，我可以打个比喻，那"好"就像被关在牢里的光景，勉强可度日。那"坏"就像从牢房里被拖去行刑，生不如死呀。那"好"是灰色的，是艰难悲苦的；那"坏"是黑色的，是世界的末日。"好"的时候，我充满希望，还会在网上发帖子，在电话里通知家人与朋友说我腿好了。可每次都被"坏"给摧毁了，使得我每一次的"好"都像在撒谎。当然没有人谴责我的撒谎，一定有人以为我精神出问题了吧。

　　时好时坏，我还可以打个比喻，那感觉像猫戏老鼠，我是那战兢的老鼠，却不知那只猫躲在哪里。因为时好时坏，那"好"就显得没有意义了。好的时候就像在砌一堵墙，好不容易一砖一瓦垒起来，以为可以遮挡风雨，不想又被摧毁了，于是又砌了一堵更坚固的墙，以为这下可以了，还是被摧毁了。那恐惧霹雳而至，我哭呀哭，我擦干眼泪，又砌起了一堵更坚固更美观的墙，看见的人都说，你砌的墙越来越好了。可是最终仍然被摧毁了。这样的反复有几十次之久，每一次都以为是坚固的了，这就是我艰难恐惧的康复过程。更何况，那"好"其实也并不是真的好，只是相对那"坏"而言的。我知道我面临一堵墙，我想起读过的萨特小说《墙》，小说描写了西班牙内战期间一名共和派死囚马普罗·伊比埃塔，和与他一起关押的汤姆和小家伙茹安在临刑前的一个晚上，在等待天明枪决的恐惧中度过的一个晚上。面对即将到来的死亡，即使战场上的勇士伊比埃塔和国际纵队队员汤姆也面如死灰，他们在寒冷中不自觉地流汗，对冷的知觉没有了，甚至不能控制自己的身体，连尿失禁都没有察觉……写出了人面对死亡的那种不自觉的恐惧。可是，就在伊比埃塔准备赴死，彻底结束恐惧的时候，命运又呈现出荒谬的一面，他们没有枪决他，而是让他出卖战友来换他自己的命。于是他要对这些可笑的家伙作弄一下，他骗他们说战友格里在坟场里。谁知格里果真转移到坟场躲藏，他的玩笑一语成谶。他活下来了，可这简直就是把他又从墙那边硬拽回来，这比当初把他拖到墙那边还要令他痛苦，他的活着与死亡没有两样。因为他已经在墙那边了。

病中，我重读萨特的《墙》，我发觉我是在读一种障碍。"墙"字在小说里出现了七八次之多。有人说是对高墙的隐喻，我不知道法语是否也有"高墙"之说，但生死之间横亘着一堵墙这个隐喻应该是相通的。死亡是一堵墙，我的腿又何尝不是我的一堵墙？

(05)

　　我去医院做理疗，刚开始感觉效果不错，心情也渐渐好起来，以为就要康复了，像开始新生活一样，有很多新的计划在酝酿中。我又开始打扮起自己，我涂了口红，描了眉，还涂了指甲油，戴上好久没戴的手镯。可是，没几天，一个疗程还未做完，我的腿又坏了，一下子反弹到了理疗前的状态。那种坏与反弹摧枯拉朽，我崩溃了。那每一次新的损伤都是更恐怖的，那是比前几个月更大的绝望，没有人知道那是怎样的煎熬，没有人知道。

那绝望让我不能忍受，不能一个人待在房间里，我拿起电话本，却不知道要打给谁，谁又能救我？我在旷野里，我在无底的深坑。

我让儿子再去找厦门医生咨询，他没有去，他跑了更远的路，去了一个球队康复训练的队医那儿，说那人原是国家队队医，可厉害了，专门指导受伤的运动员康复训练。儿子用手机把全套康复训练运动录下来。可是，那些动作我不能做，我只做一两下那腿就更坏了，我又试了几次还是不行。儿子不相信，跟我急，我更急，就吵了起来。我受不了了，又让儿子去找那个医生，儿子拖着，我就火了，那种抓狂没有人能理解。儿子责怪我脾气急。我说你怎么就不理解一个久病的人？他这才恍然，赶快就去。那医生给出了指导、开了药。可是一段时间过后，依然不见效。我想我真的要疯了。

理疗科从主任到科员，我都咨询了，可他们都没见过像我这样的情况。有人建议我看中医，可联系好中医我又不去了，因为第一次摔倒时就是看中医的，三天看一次，是一个当地很有名的中医。经验告诉我去了也还是白搭，只能增添我的艰难。理疗科主任建议我自己买一个理疗器在家里做，他说，看来只能这样，天天做吧。好像他也没什么办法，死马当活马医了。

去买理疗器路遇我的同事，她很热情地跟我说话，可我不想跟她说话，因为那一刻我的腿感觉又一次折断了，我的天塌了。她以为我是因瘸走起来不好看才想要逃避，就劝慰说，你就这样吧，顶多就瘸了，反正你这个年龄了，又不是待字闺中的大姑娘。那意思是只要不怕走起来形象不好看就行了。其实不是那么回事，那不是美观不美观的问题，是难以忍受，是踩不到踏实的地方，每一步都像踩在海绵上，没有稳妥感，不是一个想清楚了就可以停止下来的稳定的状态，我现在像是一个找不到支点的人，我是被悬在半空中的人。

06

有人带着责怪的口吻问我怎么这么久不好。听那口气，好像这一切都是由我控制的，是我不愿意好起来的。就连给我做核磁共振的医生，听说我还未痊愈也很惊奇，我知道我根本不是他们想象的那样，我无话可说。正因为检查不出问题，才成为我的大问题，无法对症医治、无法对症下药。电视上播过很多怪病，就是因为不明病因才被称为怪病，找不到病因也就找不到治疗的途径。病人大都经历过许多医生找不出病因的艰难过程。这些能上电视的病人最后大都幸运地被某个医生确诊，不是某种罕见的遗传病，就是某种罕见的致病菌。他们算是幸运者。电视之外还有多少医生无能为力的怪病病人，他们是更不幸的。我们的身体和这个世界一样深奥。

一个"重症肌无力"的病人，看过很多医生都查不出病因，她看了五官科、心血管科、眼科、神经科，都说她健康说她没事。可她发作时说话、吞咽都困难，甚至端不起一杯水，微笑、抬眼、呼吸都不行。她忍受了几年的折磨才得到一个医生的确诊，那个医生说她比很多人一辈子遭受的苦难还多。这种病是目前还不了解的疾病。这个"重症肌无力"的病人说了一句我深有体会的话："没有人知道你的感受！"

很多人都以为病了是最好的看书时间，倘若伤病到一个程度，所带来的焦虑反而让我读不进去。一位女作家说"假如到一个小岛，与世隔绝，又不通电话不可上网，只可以带四部书，我会带上：《红楼梦》，《追忆似水年华》，《圣经》，《论语》。这四部，是可以反复看下去、永不厌倦的有意思的书。"

是的，多么好的书呀，而我起初在很长的养伤时间里只看平时不看的《福尔摩斯探案》，只有好看故事的书才能让我看下去。

其实人不但很难理解别人的痛苦与境遇，就是自己也很难理解不同状况下的自己。我腿好转的时候回想不好的时候，那感觉也如隔世。"只要信不要怕！"这是一句写在记录本封面上的话。倘若不是让我恐惧得难以相信能好起来的病，我又为何这样写呢？我要把这本子收藏好，来见证这病的可怕，以此对抗我对苦难的遗忘。

07

在我熬不住的时候，我给朋友 Z 打电话，可她简单且带责怪地说"你要学会面对！"没有一点安慰，那话里透着风，能穿透我的骨缝。"学会面对！"一个健康的人说起来多么轻松呀，这不是鼓励也不是安慰。一个健康的人用这样的口吻对一个在病中煎熬的人说这样的话，实在有点残忍了。有些病与坚强无关。这世上很多东西人很难面对，否则重刑之下就没有屈打成招了。病体之痛，那是连做叛徒的机会都没有，用什么可以赎你的病？正因为难以面对，才需要安慰。还有人以为我是小题大做，甚至有人说我是文人好胡思乱想。就好像我的病不是病只是庸人自扰。说这话的人眼里闪着善意的嘲笑。我万万没想到，在后来的日子，在我渐渐康复起来的时候，Z遭遇了车祸，一直卧床，我去看望过她几次，我以为她能坚强地面对了，毕竟她的条件比我好。有一天我忽然接到她的电话，第一句话就是："无法面对！无法面对呀！"我心里一凛，我想她是忘记了她当初的话，忘记了在我极其痛苦时，她以责怪的口吻要我面对的话。

08

一位《健康报》的编辑很关心地打来电话，她听说我是腿病，就说不严重没关系，她说只要不是脑袋的病，都是小病。天啊，照这逻辑，史铁生的瘫痪，尿毒症都是小病了？《健康报》的编辑尚且如此。

我曾对人说，因为生病憔悴而不喜欢见生人……那个年已40的人居然好奇地问："腿伤会影响容貌吗？"我哭笑不得，不知该怎么回答他，只说，你太幸福了，一定没有经历过大病或久病。他说是的。看来，人对世界的认知在经历不在年龄。我现在甚至可以从一些人的文章里看出这人有没有生过病（久病、大病的病）。这也是我在这期间学到的。我在一个人的博客里看到他去探访病人后写下的文字："……走出病房，享受阳光，忘记病痛的人，不羁绊世事的人，才是懂人生的人！……一颗多彩的心，一张青春的脸，为什么可以因为自己个人的病痛而拒绝和自己所爱的时代跳一支舞呢？"看看这健康人的话吧，多轻巧多幼稚？好像谁愿意留在病房，那病痛时刻在折磨着你，能忘记吗？还多彩的心？还跳舞？人总是情不自禁地犯自以为是的错误。

　　随意指责别人不坚强的人，自己不一定就坚强。是的，我不是一个坚强的人，我不知道说的人是否真的比我坚强，但我知道他没有经历过我的遭遇。一个没有亲身体验的人，看别人的疼痛是抽象的；一个没有亲身体验的人，想象别人的痛苦就是虚构的。待自己临到了才知道是怎么回事。

（09）

　　一位看过李兰妮的书的读者很震惊，说他原来对抑郁症是无知的，他原来一直把抑郁症看成心理疾患，等同于精神病。当他读到"大脑化学物质5—羟色胺严重失衡"这样的文字时感到了汗颜。其实整个社会对于抑郁症的认识，都还处在一个蒙昧时期，所以很多人无法理解那些体面的、光鲜的人怎么说自杀就自杀了。有些病，有些疼是显性的，一目了然的，却不知还有一些病，一些疼是人的眼睛看不见的。有些病人不仅是痛苦的，也是孤独的。我们有尊老爱幼的好风尚，却没有多少人真正关心病中的人。

李兰妮说抑郁症比癌症更恐怖时，我是震惊的，这是我之前不了解的。李兰妮写道："我看到头在一旁飘浮，四肢像被斩首的青蛙发蔫，身子是空的，脑浆——鲜血——额头那一块皮——两个眼珠子……浮在空中飘，各飘各的。过去我看不懂毕加索的画，现在我就是毕加索的一幅画。"原来抑郁症能看到自己被肢解的影像？多么可怕，而最可怕的是，对于抑郁症患者，死，竟然是一种诱惑。李兰妮说："每次我用过水果刀之后，不管那刀套搁得多么远，我都要找到它套好。若是晚上太晚找不着刀套，我会用一本厚书压住刀身。我会特别注意那锋利的刀尖。尤其是我一人独自在屋时，我总会意识到那刀尖的存在。即使我背过身去，或者去了另一间房，我的心思仍在刀锋上。我会一遍又一遍地，忍不住地想象着刀尖慢慢切开皮肤以至血管时的画面。原来我深受诱惑。"我原只知道金钱、名利、美色才是诱惑，不知道这让人惧怕的"死"，这血淋淋的恐怖竟然也会成为诱惑。原以为自杀者是因为痛苦才让他们豁出去了，以为是大义凛然的。我是多么无知呀……

李兰妮的《旷野无人》一书中有很多篇幅是记叙她的噩梦，多是有关自杀、死亡、鬼魔的。死亡的诱惑已深入她的梦，她梦见医生诱惑她去死："就是这几天了。你不是准备好了吗？不痛的，我们会给你很好的止痛药……"她说："从4月2日到12日，我所做的每一个梦都与死亡相纠缠。一种来自阴间的神秘力量在施展迷心大法，试图吸扯我跟它走。"看得我头皮发麻。李兰妮，她哪里是在跟疾病做斗争，她分明是在跟魔鬼、跟死亡的权势做斗争。北方民间流传的鬼故事里有"鬼找替身之说"，说有自缢而死的鬼魂会幻化成一面窗子，引诱人去看窗外美景，当人看得出神，吊死鬼便收紧绳套，那个人就一命呜呼了。

李兰妮写道："服药后头七天比化疗还难挨。早上吃完药，就趴在沙发上，腹部顶两个靠枕止痛。一会儿跪在沙发上抱着脸盆干呕，一会儿脚勾沙发背头抵地，头往木板上磕，想把大脑磕得没知觉。有时候站也不是坐也不行，躺也不对，一分钟都安静不下来。眼巴巴看着墙上的钟，一分钟一分钟数时间……有些自杀的抑郁症病人也是吃过药的，但他们忍受不了药的副作用不得不停止服药。能不能昏过去？能昏死过去就好了……"我忽然想起一个患抑郁症的朋友。我这才知道我是多么的不理解她呀。当初听说她不吃药，偷偷地把药扔掉。我问为什么，她说那药吃了难受。我就以为是比较苦涩的药，或者像很多药品说明书上写的，无非也就是有点恶心之类的。当时心里就想她怎么这样任性，怎么可以这样不懂事，这样不配合医生。不曾想我是多么的无知呀。

李兰妮的《旷野无人》副标题是"一个抑郁症患者的精神档案"，若不是因为卧病，我断不会去买这类书的。我以为这类书就是给这类病人看的。我错了，这是一本写给所有的人看的书，而且，健康的人更应该看。刚看不多页，我就大吃一惊，我忽然意识到，抑郁症与我太有关系了，我有生以来最要好的6个朋友里，竟然有三个抑郁了。那三个里面，一个已经自杀。她本来聪明漂亮，可是她走了。如果是现在，我经历了这场劫难，又看了这本书，是不是可以帮助她？起码可以安慰和理解她，可她已经走了，说什么都晚了。还有两个还在抑郁着，我一直都在责怪其中的一个，心想她怎么可以一病多年，怎么可以那么低调，那么不热爱生活不热爱朋友。我以为她人生观有问题，也以此鄙视她。现在看来我是多么的愚笨呀。还有一个来往多年的，忽然在这两年里不理我了，千呼万唤不出来，我就以为她不跟我好了。前段时间她才告诉我她患了更年期抑郁症。她说她总在家里哭，连家人她都害怕见面，要我原谅她。

李兰妮说："我认为，没有人能清楚表达那些感觉。没有一个重度抑郁病人能够准确说出他所受的是怎样的折磨。神经系统本能地拒绝表述。能说出来的，都不是最深层的，也不是最恐怖的，更不是原始无伪的。因为，它们无法表达。常有人问我：抑郁症有多难受？我找不到词语回答。"我想起王家新的诗："……当语言无法分担事物的沉重／当我们永远也说不清／那一声凄厉的哀鸣／是来自屋外的雪野，还是／来自我们的内心……"

（10）

劝说总是容易的，轻省的，难怪约
伯要责怪他的三个朋友，但约伯有那样的
三个朋友已经让人羡慕死。《约伯记》里
说："……各人从本处约会同来，为他悲
伤，安慰他……他们同他七天七夜坐在地
上……"可是他们劝慰约伯的话反让约伯
烦躁，他们就又责怪他的烦躁，责怪他平
素用语言教导许多人，也坚固软弱的人，
扶助跌倒的人，可是现在祸患临到他自
己，却是迷糊的惊慌的。约伯对他的朋友
说，因我所惧怕的临到我，我的力气不

是石头，肉身不是铜做的。你们这样的话我听多了，你们安慰人，反叫人愁烦。你们若处在我的境遇，我也能说你们那样的话。

只有相同相似经历的人才能体会你，否则，都是虚构的。19世纪的奇人海伦·凯勒，这样一个又盲又哑又聋的人最终能成为一个了不起的人，和她的老师沙利文不无关系。我一直觉得这件事不可思议，好像沙利文天生就是为了做海伦的老师，她先是经历了双目失明的痛苦，又到了柏金斯盲人学校学习，后来在一位医生的帮助下，奇迹般地恢复了视力，再后来自然是去担当了海伦的家庭教师。这经历很重要，同样的经历使她深知盲人求学中所面临的一切。我想，海伦·凯勒的老师倘若不是沙利文，而是一个没有同样经历的人，即使再如何的博学也未必能使海伦·凯勒成为一个杰出的人。

（11）

　　我自己亦是不能理解别人的痛苦，
在我承受着肉体的折磨，就说肉体之痛大
过精神之痛，是真正的痛苦。可是，若
照我这么说，那么，阿赫玛托娃的痛苦
就不是痛苦了？当她在大雪天等待探监，
她的痛苦一定比那冰天雪地还要严峻，比
那蜿蜒的队列还要冗长，比她那正在服苦
刑役的儿子身上的锁链还要沉重坚硬。其
实读到这一段的时候，我的心都要碎了。

　　人真是孤独的，各人有各人的痛苦，

要真正理解别人的痛苦是多么的难。汶川"5·12"大地震，我曾写下了几首诗，其中有一首别人看了说好，我自己也以为好，以为我是设身处地地体会了那种痛，诗的题目叫《想象》："那一刻，一生的重量／把我打入逼仄的瓦砾下／时间的黑幔将我紧裹／恐惧没了疆域／没有食品和饮水／热气，寒流轮番袭击／尘土锁住了我的眼耳鼻嘴／水泥楼板锁住了我的身子／绝望锁住了我的梦／伤口在滴血／手脚疼到麻木／夹缝里，一瓶矿泉水近在咫尺／我却够不到／我不能，不能／不能再想象下去了"。

后来，当我读李西闽寄来的《幸存者》一书，读他被埋的那一瞬间："我的左侧太阳穴旁边被一块铁质的东西顶住，朝上的锋面插进了我左脸的皮肉里，左侧的腰部也感觉有一片锋利的东西插了进去。肋间也横着一条坚硬的东西，后来才知道那是一条钢筋，勒进了皮肉里。瞬间，我陷入一个黑暗的世界，脑子里混乱成一片，我想我是在做梦吧，可是我是那么的疼，左边的眼睛被温热的血模糊住了，不停地有血流进眼睛，又流出去。我被这突如其来的变故惊呆了……我的呼吸变得急促。我被埋在了废墟之中，身体在黑暗中沉沦。我在持续不断的山崩地裂的轰响中不知所措。我的思维一刹那间被中断了。我是不是在另外一个世界里？那个世界叫地狱。我什么也看不见，冰凉的液体在我的左眼流进流出，那不是泪，应该是血。人死了还会感觉到自己流血吗？还会听到轰响吗？黑暗让我无法证明自己还活着。我的思维难道是鬼魂的思维？如果鬼魂也还有想法的话。黑暗让我恐惧。"

看完这些片断，才知道我的《想象》是多么幼稚，我的《想象》就只是想象而已，连真实的皮毛也没有触及。

　　萨特是一个很能洞悉内心情感的作家。他写"二战"时期被纳粹关押的一段经历：一天晚上，在打了熄灯铃后，他正慢慢走回房间。突然，一道手电光照射在他的脸上。哨兵开始喊叫起来……德军哨兵用枪刺威胁着，并在他背部狠狠地踢了一脚，他整个人摔向门上，当他走进囚房时，他大笑不止，他立刻意识到这反常的情绪其实是神经紧张的反应。当他告诉同囚难友他为什么笑时，他们也大笑起来。

我若不是有过因紧张而大笑不止的经历，我想我就不能理解萨特这段话。我16岁那年，从知青点被拍派到省妇幼下乡保健队，随同去乡下普查。我们那个小组4个人，一个省里来的医生，其余两人是乡下的赤脚医生，都是十几岁的女孩。那天晚上我们来到一个小村庄，住在一幢刚竣工的，还没人居住的大房子里，那个女医生自己住一间条件稍好的，有床铺的。我们三个女孩在一大间空空的房子里架起木板睡通铺。时值夜半，我被身边的女孩叫醒，我迷迷糊糊醒来，见她惊恐万状的样子，她让我听，不一会儿，一个巨大的声音在整座大楼里回荡，好像是大的木桩撞击在墙壁上，且那洪大有力的声音由远而近，迅猛直奔我们的屋子，非常恐怖。这时，只见身边的女孩忽然笑个不停，边笑边把被子拉上来蒙住头。我正想她干吗要笑，可我忽然意识到我也在笑，且无法控制地，停不下来地笑。我赶紧把边上另一个女孩也叫醒，那女孩被叫醒后，看我们惊恐地笑着，她也不住地笑，她更是胆小，一边笑一边发抖还一边流泪。我没有萨特的敏锐，事后很久也没悟出那是因为紧张才笑的，读了他的文字才有所悟，那应该是神经紊乱所致，就像亢奋和抑郁，不同的两极控制不好会互相转换。

（13）

　　我们想象别人的痛苦，想象力其实是贫乏的，即使设身处地也是有限的，这是作为个体人的有限和无奈。行为艺术家 X 当过船员，在茫茫大海里航行，我相信那时他所感到的孤独是真正的孤独。然而，人是有限的，孤独是无限的。后来他为了尝试更深的孤独，以有限挑战无限，人为地制造了许多所谓的孤独。他把自己关在一个 10 平方米的笼子里长达一年之久，不交谈，不读写，不听广播，不看电视。也许依然走不进孤独的深处，他又把自己放逐到户外，在零下38度的大街上被警察关了禁闭。

看了这所谓的孤独我简直是气愤了，这就像一个要体验轮椅生活的人，硬是把自己绑在了轮椅上，这与那真正瘫痪在轮椅上的人能一样吗？那差别就是只要他愿意，他可以随时解开绳子站起来。而真正的孤独不是刻意制造出来的，那是一条人力所不能解开来的绳子，一条无形的绳子。

所以我向来对作家体验生活抱有异议，我不是反对作家体验生活，是提醒，那只是你体验到的那种生活的皮毛。

伊壁鸠鲁派信徒确信父母爱子女是出于利益考虑，就是养儿防老，或是争取社会福利。一个有文学盛名的80后说，一个人巨大安宁的幸福，来自于自我献身的享受和自我欣赏。哈哈，我真想笑。我想说，第一种人永远不要对这类事发言。第二种人，最好等你当了母亲再来发言，不管你现在名声有多大。我还想说，母爱，那是自然而然的，想不那样都不成，就像分娩后自然而然的乳汁分泌。

我很喜欢德国诗人恩岑斯贝格尔写给儿子的一段话："我儿，你不可读颂歌，而应该读列车时刻表：它更准确。"

植物在左，动物在右

孤独，除了卡夫卡知晓，还有一个人知晓，那就是我们的老祖宗仓颉，他比卡夫卡更早知晓的。"孤独"二字，植物在左（瓜），动物在右（狂犬旁与虫子），就是没有自己的同类。还有，那"孤"的偏旁，像是孑孓的暗示，也是虫子，蚊子的幼虫。繁体字"孤獨"更是具象，那"獨"字俨然一只被拘禁着的虫子。孤独就是自己已经不存在了，化成了植物、动物。

这大半年来，因了这腿病的久久不愈，便一天天地落在了与人隔绝的孤寒中。

我躺在床上，注视着天花板、左壁、右壁、前墙、后墙这仅有的方向，我渐渐地成了卡夫卡圈养的那只虫。我重读《变形记》，那上面明明写着："……萍水相逢的人也总是些泛泛之交，不可能有深厚的交情，永远不会变成知己朋友。"卡夫卡知道他那职业终有一天会让他变成一只虫子。也许他愿意，虫子是比人更能忍受孤独的，但也更难了，因为还留有人的记忆，还想做人所能做的一切。

　　孤独，除了卡夫卡知晓，还有一个人知晓，那就是我们的老祖宗仓颉，他比卡夫卡更早知晓的。"孤独"二字，植物在左（瓜），动物在右（狂犬旁与虫子），就是没有自己的同类。还有，那"孤"的偏旁，像是孑孓的暗示，也是虫子，蚊子的幼虫。繁体字"孤獨"更是具象，那"獨"字俨然一只被拘禁着的虫子。孤独就是自己已经不存在了，化成了植物、动物。

　　我忽然想起那种有点矫情的说法，说在人群中感受到的孤独才是真正的孤独，这种含着"众"的成分的孤独，终归是没有被剥离出他的同类的一种孤独，一种时尚的，早已被名人树碑立传的孤独，是尚未变成虫子之前的人说的。过去，在我的腿脚健康的时候不也是这般人云亦云吗？就像有人说精神的痛苦有时比肉体的痛苦更甚，可是后来人们把"有时"去掉了，直接说精神的痛苦比肉体的痛苦更甚。有位作家说她不怕孤独，原因是她一个人在家独处了几天，过得很好。她摆弄小石头等等玩物不亦乐乎。这就好像一个健康的人坐在轮椅上说他不怕坐轮椅，说他坐轮椅很舒服一样，那和下肢瘫痪坐到轮椅上是不一样的。

　　好久了，连邮箱也是空的。久病，亲人和朋友渐渐疏离，这是没有办法的。一个人孤寂久了，就会冷，人们常说"一个人太清冷了！太荒凉了！"现在我终能体悟这话，那冷是从骨头缝里发出来的，是孤寒，非自然界的冷。我终于知道了人为什么爱热闹。人多了，闹闹嚷嚷就会热，所以叫"热闹"。我曾是那样清高地鄙夷热闹，窥视那诱人的独处。我原单位里的领导从正职降到副职，他往常车水马龙的办公室安静下来，门可罗雀。半掩着的门里，他在里面看报纸，放报纸的休息室正连着他的办公室，有一个边门进出方便。我知道这种状况于他是痛苦的，却让我羡慕得很。

我问自己，如今这独处的光景不是我梦寐已久的吗？又为何千方百计地想要逃离？

那年，单位体制改革，40岁以上就可以办内退，于是一大批的人办了内退，可是很少有人待在家里。我因为有执业药师资格证，他们都以为我会继续到药企工作，那时正值国家允许私人药企办药品批发业务，新开办的药品批发企业一定要有两个执业药师才能申报。我做过质管部门的执业药师工作，符合担任质量管理部门经理的条件，加上我会电脑办公，于是就有企业来聘请我，我那时的创作状态极好，正渴望有一段安静的读书时间，所以我拒绝了。我每天为自己在书房的阳台放置一个水果盘，然后开始了阅读，我觉得我幸福得奢侈，那段时间我看了近100本的书。不时有人问我在家干什么，我说看书，他们便会感叹，说只有我受得了，换了别人还真没法忍受，我于是庆幸自己是少数能安享寂寞的人。可是好景不长，三个月后Z来聘请我，Z是一家药企老板，是我朋友的朋友，一个挺好的人，他即将开业的药品批发公司急需执业药师，Z估计两个月能过行业检查。我拒绝他的坚请，于是他给我开出全公司最高的工资，这足以让我在人前荣耀一把。Z看出我的犹豫，就大声对我说："大水淹到我脖子了，你就帮帮我吧！就两个月！"我这人有心太软的一面又有虚荣的一面，这两点组合成我致命的弱点，于是我便答应了。半年多过去了，由于各种原因，GSP的检查验收工作迟迟未来，几次辞职未果，8个月后，我坚决提出辞职，和Z谈了一个下午，还是没有结果，万事易进不易出，我真后悔当初没有硬下心肠，我又不能一甩手走人，后来与Z达成口头协议，是再做满一个月，我也把最后的申报材料赶制出来了，就在这最后一个月里，我倒在了上班的路上，一辆运载"水玻璃"化学剂的车泄漏，"水玻璃"顾名思义就是像玻璃一样滑的水。许多摩托车滑倒，我亦在此劫中，这就是我第二次的跌倒。命运是蛮横的，炒谁的鱿鱼都不须商量。这一劫大大地改变了我的命运，虽然最后手术渐愈，但我的膝关节，就像打碎再黏合的杯子，已经不是原来的了，这给以后多次习惯性损伤埋下了伏笔。

此刻，在这最难熬的第四次的跌倒养伤中，这长久不愈中，那原先梦寐已久的独处生活，那曾经渴望的静态已面目全非。久病，那是一个怎样的静，从天花板、从四壁、从这个有限的空间挤压着我，我掉进了陷阱里，我触摸到了恐惧的深与黑，我再不敢说我是耐得住寂寞的人。这静与那静不同，同样的环境因状况不同感觉也不同了，安静、宁静、幽静、恬静这些字眼儿给人轻盈飘逸，不被打扰的好心情，好景致。那里面藏匿着盈盈的柔光。可这病榻上的静是旷野无人的静，是孕育恐惧的子宫，这静就要爆炸，像癌细胞的扩散。

我的日子多得像一堆废品。一天一天，不再是白驹过隙的，一切都在慢下来，如同过量的安眠药，让人一点一点地死去。梭罗在《瓦尔登湖》里说过这样的话："我听说，如果一个人在森林里迷路了，疲倦而且饥饿，躺在一棵大树底下，濒临死亡，因为身体过于虚弱，想象出错，就会觉得四周全是奇特的幻象，他还以为这是真的，于是孤独消失了。"看来，心身真是环境的主谋。

可是人又怎么能像树那样面对孤独，我这条不肯循规蹈矩的腿，大部分时间脱离了地面，本来它们是远离生命核心的，现在却被忽略太久，负重太多。病榻之上，这形而下的腿与形而上的部分成一水平线，甚至高过了形而上，高过我身体的权力中枢——心脏。医生说，患肢必须在高过心脏的位置，才有利于血液的回流。于是遵医嘱，一条伤腿君临于空中，那"空"是巨大的，那一分一秒是被稀释了的时间，这是我不能一个人面对的，我只有我自己，自己排出的毒气自己吸。蓦然回首，还是慢慢回首，灯火阑珊处一直空着，只能是一片空场。更多的时候我需要一面镜子的在场，于是我把镜子放在了床头，在生活里没有别人的时候，我必须常常把自己具象在一面镜子里，让散漫的自己具象，让自己生出另一个自己。我终于明白了芙丽达·卡罗为什么总是不断地画自己，这个经历了小儿麻痹症、车祸、多次手术、右腿被截的女画家。她或许不愿让自己成为植物或动物，她是个喜欢与命运激烈抗争的女人，所以她画出镜子里的自己，这样她就拥有了三个自己，也以此证明自己不是一棵树，不是一只虫子。她不知道有一棵树正在她的身体里生长着，开出花来，那是她艺术的常青树。

仅仅是疾病让我活出了离群索居、与世隔绝吗？也许孤独在疾病之前就已是隐患了，中年后我很少真正进入谁的生活，跟人总有一种隔阂。我来到这个城市的时候已经不年轻了，这里，没有同学，没有亲戚。原来有的几个要好的朋友，有的去了远方，有的病故了，有的落在抑郁中，还有的反目为仇了。"亲朋"这个词像一个诱饵，我一遍遍地翻动那个有些破旧了的电话本，却不知该给谁打电话。我家隔壁新搬来一个和我年龄相仿的女人，她从不跟我来往，尽管我对她频频投去橄榄枝。我以为她是个孤僻的人，可有一天我发现她家里来了一群和她看上去是同类的人，像乡村里的老阿妈，叽叽喳喳闹翻天。我以为是她乡下老家的人，她说就是我们这个小区里的，她晨练时认识的。我再一次知道我融不进她们，人以群分，我不是她们这个群的，我是一个没有群的人。我曾经庆幸我不会成为那样的老女人，那是一些社会生活之外的老女人。现在我是多么渴望成为她们的一员。

我不仅怀念起年少时的光景，我的友情大都存在少年和青年时代。我的童年、少年、青年都在军营里度过，那时的孩子成群结队，做什么事都有人做伴，从不缺少勾肩搭背的伙伴，从不知道孤独是啥滋味。"铁打的营盘流水的兵"，军营还在，却已物是人非了，我们都被那流水放逐了，天各一方了，那样的热闹不复有了。

后来认识的好朋友华也失踪了，我的手机喑哑，所有的短信都是天气预报，我感到恐慌。今天，手机终于响了，我像饥饿的人扑向面包，却原来是电信催缴话费的，我再也忍不住哭起来了。我躺在病榻上不住地想，我是不是得罪了华？可我不知道我哪里得罪了她，挫败感像蛇一样地缠绕着我，我整日地仓皇无措。华是我心目中的好人，有信仰，有丰盛的爱，她会抛弃我，这世上还有谁不会抛弃我呢？或者我识人有误，这感觉就像从商店里明明买回了钻石，却原来只是个玻璃球。那失望无以言说，那是比失恋还痛苦的。失恋，旧的去了还可有新的再来，而盐失去了咸味还有什么能让它再咸？华曾在电话里对我说，她正忙着新教堂的粉刷，所以没空来看我。我感叹，若没有爱心，教堂建得再漂亮又有何益处？不是说人的身体才是老天的殿吗？我知道我没有资格这样责备人，倘若位置置换，我不会做得比她好。可我却不管不顾地说出冒昧的话。

朋友华终于打来电话，我们之间便有了隔阂，我讪讪着问："我哪里得罪你了？"她吃惊地说没有。这会儿轮到我吃惊了，那她何以失踪？连个问候的电话也没有。那一刻，我宁愿是我得罪了她，好让她毫无缘由的离弃有个解释，可是，我的希望破灭了。放下电话，我号啕大哭。这一刻，我哭人性的缺陷，爱心的有限，我哭我的一条腿使我成了寡廉鲜耻的人。

只要有人来看我，我就会滔滔不停地说这说那，情绪亢奋，甚至她们都插不进嘴，只好都听我说。我意识到了，她们也意识到了。我后来看加缪的《讽刺》，一处描写孤独老人的话让我吃惊："……他甚至不放过叙述中的沉默，他急于在别人离开他之前把一切都说出来，以保留他自认为能感动听众的往事。让别人听他说话，这是他唯一的癖好，对于别人向他投来的讥讽目光和唐突的嘲笑，他不加理睬……"我吓了一跳，我想我就是那个老人了。当然，我的朋友不会向我投来讥讽的目光和唐突的嘲笑，这也不是我唯一的癖好，我还可以写作，可以上网。但我想我已经部分地老去，那被孤独催老的部分。

  躺在床上看漫画书，一则《久病床前无孝子》的漫画吸引了我。第一张图是儿子、媳妇、孙子和狗，一同去看望生病的老人，第二张图媳妇最先退出，再来是儿子退出，再来是孙子，最后孙子也不去了，只剩下那条狗了。遗憾，我没有养狗。看来，孝子贤孙都做不到的，我又如何难为朋友？我又如何难为人要像狗一样？

  一阵风从窗外袭来，我看到比黑夜更黑的魅影在四壁间飞梭，我慌忙开灯，原来是一只蝙蝠，一只鸦黑透青的蝙蝠。这不速之客究竟从哪里飞来？搬到这里多年，第一次发现这鬼魅的东西。此时它双翼圪蹴着倒挂在墙角的衣架上一动不动，像是从我的孤独里生长出来的。我把所有的灯都开了，把玻璃窗开到最大，我用晾衣杆驱赶它，它窸窸窣窣地扇动着翅膀，只在四壁间回旋，硬是不肯出去。蝙蝠，这趋暗的动物，莫非我开着灯的房间也比外面的夜更黑？也许它从我这里嗅到了非人的气味，和它一样的同类的气味？我忽然在自己被局限了的身体里，看见了蝙蝠的舞蹈。在漫长的，等待一条腿的康复中，一天又一天，我的那点人气，一点一点地被剥蚀掉，我已经渐渐地变成了虫子，和它才是同类。我想起西川的《夕光中的蝙蝠》，"……与黑暗结合，似永不开花的种籽……"哦，原来你还是一棵植物的种子。我的虫子，我的植物。我有些惊喜，第一次觉得蝙蝠这东西并不那么可怕，还有些亲切，它是怎么找到我的？

覆盖

当我拖着伤腿缓慢走过那些热闹的服装店，我的注意力全在腿上，那些塑胶模特如何穿得花枝招展也不能吸引我了，已经好久没有心情装扮自己了。我曾经是那么爱美的一个人，可如今腿伤久不愈，即使是貌若西施，经过了这般折腾，也要变为东施了。

01

肉体是需要覆盖的，衣服也就成了"衣食住行"四大重要内容之一。好看的衣服能抬人，爱美之人无不重视着装。从衣柜底层翻出一件被遗忘的旧衣，可我翻出它来只是因为方便，没有扣子，披上就行。腿病久不愈，天天面对四壁，穿衣便只关注衣服的保暖舒适这样的实际功能，美的因素被滤掉了。当我拖着伤腿缓慢走过那些热闹的服装店，我的注意力全在腿上，那些塑胶模特如何穿得花枝招展也不能吸引我了，已经好久没有心情装扮自己了。我曾经是那么爱美的一个人，可如今腿伤久不愈，即使是貌若西施，经过了这般折腾，也要变为东施了。

　　疾病与衰老都是用来摧毁的，有着创生能力，它可以对一个人的相貌大刀阔斧，使其生命尊严尽失。我在单位管过档案，对于那些退休的老人，我无法把档案里的照片，把他们青皮后生的帅模样跟眼前真人的白发豁牙画等号。就好像照片与真人没有关系，不是同一个人，这使得衰老更像一个谎言，好像老人一出生就是老人，没有童年没有年轻过。疾病与衰老又是孪生兄弟，疾病会加速衰老，衰老会滋生疾病。衰老是悄悄地，疾病是猛然的。衰老与疾病合力是可怕的，浴室里的那面镜子便是证据之一，它把我的老丑一次次地揭示出来：眼角严重凹陷，眼睛显得更小，前额开始秃顶，发际线越来越往后退，那些灰色的语言都被摘录在了脸上。头发也稀疏了不少，腿伤不愈的忧愁曾使我的头发像秋天的树叶一样飘落，任是怎样的美服也无能为力吧。有时，他人也是自己的一面镜子，一外地文友说要来漳州采访，到时来看我。我悲喜各半，我想无论如何我得去发廊一趟。我一直是美发师小蔡的顾客。我一进发廊，小蔡见了我先是愣着，像被点了穴。当他认出我来，像一下子被什么弹起来，倏地一下离开原位，又急匆匆走来给我做头发。并哇哇叫着说我判若两人，憔悴到他都不敢认了。我说我掉头发……接下来小蔡的举动更让我吃惊，他扒拉了一下我的头发，说确实脱发厉害，又说白了太多。他根本不征求我的意见，咔嚓咔嚓几剪子下去就把我的长发剪成了短发，我说我只想剪短一点的，你怎么就给剪得这么短。他五官变形地说着："真的脱发很厉害了，你只能剪这么短的。"他的做法和表情让我觉得我的情况很严重了。此时，浴室冰蓝色的瓷砖墙在灯光映衬下像是一种强调，是镜子的铁杆同谋。

证据之二是照片，我再也照不出满意的照片了，无论我怎样地努力，化妆、摆酷也是不行的。几年前那些没照好的、耻于见光的照片，现在从旮旯里翻出来，立马就推翻原来的定论。

春节将临，母亲说，买件新衣服吧。春节，一个整饬衣裳容貌的季节，母亲对此一向重视。春节这一天穿新衣像是母亲的宗教仪式，不仅仅是为了好看，更是为了除旧迎新，将积郁了一年的旧，荡涤殆尽。在一年冗长、寂寥的日子里，春节，就像在黑夜里燃放的那一束烟花。为了这绚丽而短暂的热闹，母亲愿意付出很多的辛劳。记得小时候，母亲总是早早地带领我们忙活着，于是春节那一天，家里的一切必换了新颜，大人小孩也一律穿了新衣。让我觉得似乎一年就是为了这一天而活，觉得一生也就是为了过几个春节。

不知什么时候开始的，我早已背叛了春节，不止是我，满世界的人都在背叛，春节，已是无所谓了，还带着些轻微的憎恶，因为不情愿为它奔忙。还有那满橱柜的衣服，平日里看见喜欢的衣服随意买来穿，也就不在乎非要在哪一天穿新衣了。服装业的发达可以满足任何层次人的爱美之心，买不起上千元的，可以买几百元、几十元的。然而，人的欲望又怎能满足得了？打扫卫生的钟点工琴，来城里短短两年也积蓄起一大堆衣服了，有的是人送她的，有的是她自己买的地摊货。她常常嚷着："衣服太多啦！"一边嚷一边继续买。穿新衣，已从早年特定的节日泛滥到寻常之日，寻常，也就不激动了。谁也不必因为经济原因裸奔，中国字是奇妙的，裸，神的启示，向右看，我看见一枚果，一枚被吃掉的果，那是夏娃先吃掉的禁果。此后，我们要说出，果然，"裸"的左边衣字旁，我们需要太多的衣服，一切来自果然。即使腿伤让我有两年没逛服装店，但临近春节时感觉腿伤好转，于是死灰复燃，我真的想要得到一件新衣服，除了爱美，也包含心理作祟，希望有一个与旧日子不同的新生活，人不能忍受冗长的相同，不变化是一潭死水，是没有意义的停滞。我曾经目睹了一场百年不遇的台风，霎时间大树小树摧眉折腰，满街都是水。我体验了改变的快感，哪怕是以摧毁的形式进行。这一点在孩子那里体现得更是淋漓尽致。台风刚一住，一帮孩子就兴奋地冲进街面上的积水里玩。

是的，我渴望改变，我对我的既成事实深度不满，我渴望我的腿不再是伤痛的，渴望我的生活有波澜。我同样需要借助那个万物勃发、生机盎然的第一天——春节，把这种变化的力量赋予某一天，给一些特殊的日子赋予重托，这是人类共同的心态，我们一直就生活在寓言里，从某种意义上说，像个未长大的孩子。看吧，大自然都已经披上了新装，我也必须给自己一个春天，给生命力勃发的身体一个新的变化。我知道小商品市场有大量的廉价服装，可我并没去那里，我不由自主地打的直奔一家店名为"简约"的服装店。记得两年前我在那里看好一件衣服，但价格贵得让我不能接受，并非拿不出那笔钱，主要觉得它贵得没道理，泡沫，就放弃了。现在我心里已经能够接受那个价位了。我告诫自己，看好了哪一件，立马买下走人，因为怕腿不能支撑太久。可是到了那里，才发现价格已经飙升了一倍。那个漂亮的店员不屑地说："你很久没来了吧？早就这个价位了。"看来我口袋里的钱永远追不上物价的翅膀。心有不甘，又坐三轮车去了女人街。果然在女人街的一间店里淘到了一件我喜欢的新衣，价格还是高了一点，经过一番心理斗争，我接受了，比那"简约"便宜多了。

驼绒面的，长过膝的，可以更好地保暖我的膝盖，木炭灰，这种颜色隐喻着热闹之后的平静，穿在身上有庄重感。

衣服总算是买到了，可腿伤似乎又加重了。想想真是不值呀，为了过一个节，或者说为了一件衣服，又赔上了我的腿。我总说我深深地体悟到健康是最重要的，可是节骨眼儿上我还是更爱了别的东西。好像身外之物胜过我的腿，好像我的腿比那些省下的钱更贱。不是说所罗门极荣华的时候，他所穿戴的不是还不如野地里的一朵百合花吗？尽管驼绒面的，长过膝的，我的膝关节依然在里面兀自冷着，一点也不领情，那冷是从骨头缝里冒出来的。其实也不必说了，在一个腿脚不好的人那里，一年四季就都是冬天了。任是什么衣服也抱慰不了的。

02

我家门前那条河沟旁，忽然冒出了
红蘑菇似的帐篷。走近去看，里面杂乱
地放了些不知做什么的工具，正在疑惑，
前面的河段传来喧闹声，河沟已经被筑
起的沙袋隔离成一段一段的，有几个人
穿了长筒水靴在那里清除河底沉积的淤
泥和污垢，臭味在冷空气里漫溢。此时
正值1月，是这个小城一年中最冷的时
候，他们虽穿了隔水的橡胶制服，想那
冷还是隔不断的。我知道清理河道这项
工作是政府为民办实事，但我不知道做

出这项决策的某部门领导，是否想到有更适合做这件事的季节，在这个一年中有那么多宜人气候的小城，11月份，哪怕12月份也不会像这个月份这么冷，为什么要选在这个时候呢？做决策的人是不需亲自下水的。我越发地感觉冷，那冷不是从空气里来的，是从那些穿橡胶制服的人身上，渗透到我心里的，我相信还有些冷是从人心里发出来的。我看到浸在污浊冷水里的两个人在对话，一个说，你今年春节要回去吗？另一个说还没决定。我猛然醒悟，原来这是要赶在春节前让我们居住的小城换上新装。11月份，12月份都还太早，居民的素质还不足以维持那么久的环境清洁，他们会给这城市新衣染上污渍，这座城市也要过年的，也要穿新衣的。为了在恰好的时候，给这座城市披上节日的新装，有些人要长时间地浸在污浊的冷水里。

岸上有个夹着烟的乡下模样的女人指挥他们，显然是他们的头。举手投足很有些派，是那种底层小人物自以为得势的感觉，以前常在农村村官身上看到的那种，吆五喝六的。她还抽烟，抽烟的女人大都是艺术家、女老板，她们前卫、另类、时尚、聪明，这类人里自然很少有乡下女人，不过，早先的乡下老女人也抽烟，但这个女人看上去都不属于这些范畴，那感觉像那些被清理起来的污泥。一会儿，他们喧闹得更起劲，因为他们在排掉水的那段河沟底捉到了一条大鱼，岸上也围拢了很多看热闹的人。我问岸上的人，是不是清了污泥将来水就清了。还没等那人开腔，我就在心里憧憬起那美好的图画。一条清河水，沿岸绿柳垂，河里游着鱼儿，再也没有难闻的腐臭了。那是怎样的美景呀，其实那是我们小时候常见的景色，只是我们那时候并不觉得是一种幸福。可是，我失望了，我身旁一个人抢先回答了我，他说，那只是清除越积越高的河床污泥，根本就不可能出现我想象的那种景色，因为这条河本身就是下水道排泄的地方。我这才恍然地看见沿岸河堤上有好几处大大的排水孔，黑洞洞的像盲人的眼睛。可是，我怎么就对我走了N遍的这条河熟视无睹呢，原因只有一个，对于一条太臭、太脏的河沟，眼睛是不愿意多看的。

他们还在为大鱼兴奋，这兴奋能帮助他们抵挡冰冷与污浊的侵袭。我快快地想，下水道排出来的，不也包括人的排泄物吗？早年，人家里没有厕所，倘有间浴室就是不得了的奢侈了。那时我居住的军营里，只有几个厕所。那么多的人共用着几个厕所，离我们最近的那个厕所还建在山顶上，晚上如厕，不仅仅是麻烦，还恐惧。所以，晚上一般都用尿盆，早上起来端到山顶厕所里倒掉。现在多方便呀，家家都有厕所，而且一家往往还不止一间。但我们也付出了代价，再没有绿水清溪给我们做城市的衣裳，这便是羊毛长在羊身上。

那个时候，人粪便就是肥料，北方人叫大粪，闽南人叫粗水，农民挑粗水的时候，我们远远就能闻到臭，还有那些大粪坑，也是远远就闻到臭。我下过乡，但我大多时间在医务室，没有挑过粗水。现在农民都用人工化肥了，不必再挑粗水。现在，我们吃的菜，都要在水里泡上一些时辰才敢吃的。我总想，何不大力发展沼气池，像20世纪70年代的某些农村，又解决了肥料，又可解决一部分天然气资源。也许我想得太过天真，任何事情只有做了才知道它的难处的。但即使还有人愿意挑粗水，可那些工厂排出来的废物呢？对日益城市化的这个地球来说，真是一个大问题。大自然依然每年都给大地披上新装，如今，我看着这个江南水乡一处处的新绿和一处处的死水潭，像一个生满褥疮的人，在我们的眼皮下流血、流脓，再美的华服也难以覆盖、难以遮掩。看克里姆特的那幅《接吻》的画，那两个亲吻着的男女，在我眼里他们并非男女，他们是大自然的阴阳和谐，那样盛大的吻，是春天亲吻着大地和其中的花草。画面上，那男女脚下有一小片花地，茂盛的花草是季节赐给大地的新衣。可是，那一小片花地又像是凌空兀起的绝地，那一小片花地的断面是万丈悬崖吗？克里姆特让春的新衣覆盖了怎样的危险？好在我们这个城市开始了自然生态之城的建设，开始了污水的治理，于是就有了盼头。

寻找平衡

这个夏日，我饱含汁液地绽放成一朵夏日灾花。我从不知我可以这般肥沃，疼痛在我的身体欢乐筑巢。

夏夜雨霁，台阶下，一团黏滑可疑之物让我重返医院，一切都是老面孔，好像回娘家。如同一个预先的约会，这是我第三次跌倒。这第三次的跌倒是我伤势最轻微的一次跌倒。这样的判断自然是事后的盖棺定论，当初的那一刻依然是恐怖的，那一刻，我连立锥之地都没了。一个急拐弯，命运像一场暴风雪，在我意识到达之前，再一次被我跌回奶瓶的高度，我必须好长时间地躺着，什么也做不了。这个夏日，我饱含汁液地绽放成一朵夏日灾花。我从不知我可以这般肥沃，疼痛在我的身体欢乐筑巢。

蝉声从鼎沸到荼蘼，再从荼蘼到鼎沸，如我周而复始的不幸与哀伤。我被抬上120救护车，肉体的疼痛、心底的恐慌比车笛更凄厉，穿破夏夜嚣市的幻影直抵医院，病床、手术台、家里的卧床，黑夜的密布，这该是我命定的秘密通道，钟点工来，见到我高高翘起的那条青肿的腿，像见到一条失去平衡的称。那条腿肿得有两条腿粗，青紫色的发亮的皮肤想要涨破，大拇指甲脱落，血迹斑斑。她立马闭上眼不忍目睹，嘴里不住地感叹："水人没水命！水人没水命！"闽南语"水"就是漂亮的意思。我得到一点小虚荣的安慰，像一杆破败的称终于还能找到平衡点。

去年夏天，我的右腿刚做了骨科手术；今年夏天，左腿就摔了。此后，所有的路都像大大小小或笔直，或蜿蜒蛰伏的毒蛇，它们以怨毒的眼睛盯着我。凡知晓的朋友个个像祥林嫂似的重复着同一句话：你怎么又跌倒了……我一遍遍地咀嚼这句话，它将我领向一个歧途，一条指向身体，一条指向灵魂。多数朋友认为是我身体出了毛病。灵魂的那条路似乎有更强大的引力，它让我想到一些玄奥的，超出以往认知经验的东西。我有限的思维都朝着这个方向倾下去、倾下去。然而，有时想倾下去也就倾下去了，这世上有那么多早亡的天才，而今平庸的我已浮沉半生，仍在糟蹋五谷浪费衣帛。

　　有人说，死都不怕还怕什么。可我常常被逼到一个这样的境地，一个怕疼怕苦却不怎么怕死的境地。我的主治医生说要做皮瓣翻转，我就闪过这样的念头。皮瓣翻转，说破了就是剐肉剥皮，古时囚犯才做的。医生还说要做病理切片，"绝症"这个词就在内心风声鹤唳起来。我躺着躺着，正是昼夜不停地摆出这与死亡平行的姿势，不禁想我出生前那无穷无尽的时间里，远有唐宋元明清的辉煌，近有辛亥风云、抗日烽火，在我到这个世界之前，这个世界已然热闹非凡，我却凝固在黑暗里，身后仍将是无穷无尽的黑暗，我的生命长度只是无边黑暗里擦亮的一根火柴棒。

我记起去年夏日的那个午后，七窍流火的午后，我被抬上手术台，手术台上我记住了那个医生的名字：夏春。多好的名字，占尽人间缤纷，暗合了成功的人生：灿若夏花，妙手回春。是的春天多么好，人生多么好。可是，当金属敲击骨头如钟声响起，当我触摸到疼痛的硬度与质感，刹那，我的季节里已是春风无力、夏色瘫软。

这个夏日，我结识了很多病友，残弱病痛让我们惺惺相惜，这是怎样的缘分？一对夫妇下坡时摩托车轮飞了，两人摔成熊猫脸，男的表情凄惨，女的还能笑，虽有些勉强，而她去年同样也做了骨科手术。另一独身女民工，一手4指被机器轧断，也是一副坦然的样子，正当钦佩油然升起，并羞愧于自己的脆弱时，那女子忽然一个低头便抽泣起来，我的心也疼了起来，我把面巾纸悄悄塞给她，也许受了忽然地感动，她惊愕地抬头说了很大声的"谢谢！"吓了我一跳。这是个知道感恩的人，凡知道感恩的人都是善良的人，我在心里为她祷告。墙角里愁苦地瑟缩着一个要开脑的病人，他茫然的眼睛看向窗外。窗外，天空蒙，月低悬，映着他苍白枯槁的肉身。每个不幸的人都有各自的不幸，都要经历一段痛苦的心路才能接受现状，这里的痛苦刺着我的眼球，这里听不到为赋新诗强说愁。

电视里，第 N 届饮食文化节开幕了，打广告的送来街头小报，除了医药广告，还有小道消息，多是某影星的绯闻、某女明星胸部下垂、富家女豪掷千万征婚，等等。这娱乐致死的时代，那些幸运而无聊的人正在弄出极大的动静，这使我们伤痕斑斓的夜更加不堪。我的视野里没有一个可拯救我的偶像，比如一株可对话的植物，一只可相依的宠物，我只有我自己，我全部的知觉沉浸在自己的世界里，那个时候我又能写点东西了，我羸瘦的骨头支撑着我羸瘦的脚步，沿秘密通道纵深而入，我只有我自己。就像芙丽达·卡罗把漫长的疾苦转化成的自画像。她的画几乎都是自画像，即使不是自画像，画中的主角也一定是她自己。她因此说："我画自己，因为我总是独处，因为我是自己最理解的主题。"芙丽达·卡罗 6 岁因小儿麻痹症右腿残疾，18 岁，花月正春风，一次车祸让她多处骨折，一根金属棒从左腹进入，由生殖器穿出，她奇迹般地活了下来，后又做了多次手术，右腿被截。疼痛使她的感觉超常发达，她的画得到众多大师的肯定，许多重要人物都喜欢她。命运给了她疼痛与残酷，也给了她享有国际声誉女画家的机遇。她的生活亦是混乱的，她是个双性恋者，她拥有众多的男女情人。劫难、才华、美貌、混乱的私人生活给了她跌宕传奇的人生，她的人生是平衡的。我想起另一个喜欢画自画像的画家梵高，印象派画家梵高一生画过无数的自画像。一个自恋的人却也自戕，因为向表姐求婚被拒而将左手伸入油灯的火中威胁，之后又因妓女而割下自己的耳朵。即使耳朵缠着白绷带的时期也没有停止画着自画像。他的自戕越来越严重，他在割耳一年半后，自杀身亡。他总是用这样决绝的方式对待自己，自恋与自戕。这是怎样惨烈的平衡。

　　另一位寻找平衡的人——艾迪特·皮雅芙，这扬眉却薄幸的女子唱着："快给我全部的爱，让我远离一切苦痛与烦忧。"生活并没有按她的意愿只给她好运，她的好运与厄运如影相随，她的歌唱生涯一路攀升，终于登上世界歌坛荣誉的顶峰。同时，她幸福的婚姻却不能长久，她爱的男人，总是被神秘、意外夺走，不是被谋杀就是空难，自身也遭遇两次车祸，因此她哀伤地唱，幸福总在离她三尺远的地方。她总穿黑色衣服，她的歌亦带着黑色的凄婉与苍凉。其实她的人生也是平衡的，她要么不谙世事，不知老天是精明的生意人，一分天才，搭配几分苦难。她要么贪欲太过，她绝望，酗酒、吸毒，身体渐渐孱弱，她破坏了自己的平衡，她生命的天平一路倾斜，她最后的歌《爱情有何用》亦是让我想到梵高，想起梵高最后的画《麦田的乌鸦》。

　　名人的人生并不能给我启迪，我只是个普通人。我开始脱发，一枕一地的落发叹息着，叹息我在人生平衡木上的举步维艰。我沧桑的眼睛依然湿润地注视着，伤痛和四处求医的艰难让我自问，我是怎样来到这悲情薄幸的世间，盲目地被人流夹裹？甚至人质一般被胁迫？也许只是自己不小心失足踏进。万事易进不易出，小心呀小心，我的双脚总是这样的不小心。我艰难地寻找平衡，就像我喜欢画蓝色花，我在卫校画板报时，一同学诘问我：有蓝色花吗？我愕然。后来，我看了卡雷尔·恰佩克的《蓝色的菊花》，那惊艳全世界的蓝菊花，在铁路线禁区内，只有那个疯癫的姑娘摘到了。而我们都活得太小心，循规蹈矩，更是不敢疯癫。是否，另一种生活为时已晚，剧痛压胸，上半身的痛、下半身的疼，它们雌雄相亲，把我的身躯当成生息繁衍的大森林。我那时总是在别人和自己的苦难中寻找平衡，那时我还不知道有另一种思维方式，不知道自省与忏悔，以致我的腿留下了印记，如罪犯脸上的墨记。我想起苏珊·桑塔格的《床上的爱丽斯》，第一幕：暗场。（爱丽斯的卧室）护士的声音：你当然起得来。爱丽斯的声音：我起不来。护士：是不想起。爱丽斯：是起不来。护士：不想起。爱丽斯：起不来。哦。好吧。护士：想起。你想起。爱丽斯：先把灯掌上。

我那时也需要一盏灯，我的夜开始明亮，一颗星在我苍白的天空亮了太久，它暗示了我下半辈子的走向。

痛悔与重生

  若一个大国出现了信仰缺失、道德滑坡，那么这个国家再富强，他的国民没有道德也就没有真正的幸福可言。这影响势必长久。一个人没有了道德底线，就不会遵守规则，小到过马路闯红灯，大到作假。人没有敬畏之心，就变得可畏。

01

  钟点工琴目睹了我的几次倒下，她在我家做小时工好几年了，也算是对彼此有些了解。她说，你人这么好，怎么会这样？她是个坚信善恶忠奸终有报的人。

最后，她找到了答案，那就是，她认为我前辈子一定乏善可陈。这让我想起史铁生《病隙碎笔》里说的："或许'铁生'二字暗合了某种意思，至今竟也不死。但按照某种说法，这样的不死其实是惩罚，原因是前世必没有太好的记录。我有时想过，可否据此也去做一回演讲，把今生的惩罚与前生的恶迹一样样对照着摆给——比如说，正在腐败着的官吏们去做警告？但想想也就作罢，料必他们也是无动于衷。"看到这里，我忍俊不禁。

　　人喜欢把一切的不幸说成报应，人有"善恶报应"观也并非坏事，起码能遏制作恶之念。但有些事不那么简单，被马克·吐温誉为19世纪两大奇人之一的海伦·凯勒，自幼便失明失聪又当何论？还有，那些伟人的苦难总是被看成是天将降大任的征兆，而临到普通人却要说是惩罚。问题是伟人在苦难之前也是普通人。我不明白的事我不敢妄论，即使真的有天降的惩罚临到恶人，我也不敢幸灾乐祸，我只能省察自己。大多数人只敢说"错"不敢说"罪"这个字眼儿，似乎只有够得上刑法的错才是罪，他们大事化小，小事化了，或是推到前世，把今生的自己搞得很无辜很纯洁。我常听人说"我没有罪！"

不是没有罪，是忽略。这样的人自然也就不肯忏悔。有人说，要看好人就到法庭，原告和被告都在极力为自己辩护；要看坏人，就到教堂，那里的人都说自己是罪人。孔子说人非圣贤孰能无过，过就是罪，罪过、罪过。

我们其实常常不明真相地活在讽刺里。不禁想起托尔斯泰的《复活》，里面说到没有一个人是自己没有罪，因而可以惩罚或者纠正别人的。故而，托尔斯泰称那些审判官、检察官、侦讯官、狱吏等为"合法的罪犯"。托尔斯泰说，社会和一般秩序所以能存在，并非合法罪犯们的功劳，而是人们的相怜相爱。

　　谁敢说自己是完全的清白没有一丝
污秽？若真是有什么罪有应得的，又何必
以前生来逃避今世？若真有前世，我也不
需提及前世的罪，抑或《圣经》里所说的
原罪，我今生今世就已犯下了太多的罪。
我这些年忙着自己的事，对父母、对儿子
的关心都不够，我真是不孝的女儿，不称
职的母亲。这还算不上罪吗？这罪还不够
大吗？孝敬父母是可以忽视的吗？是可
以等待的吗？还有，那些帮助过我的人，
我又给了他们多少关心？这是爱心不够，

这不是罪吗？人若做了很大的公德事，却不是出于爱心，那就只是虚荣。没有爱心是不可以原谅的。我惊讶，我在健康的时候，怎么就没有发现这一切呢？

健康时的自己一直喧闹不停，那久病的孤寂让我听到了来自内心的真实的声音。王国维说过"人生过处唯存悔"的话。我就在这病中痛悔了。

我想起于娟，我们不能忘记那个叫于娟的女子，她以生命的代价让我们知道，我们该怎样珍惜生命，珍惜健康，珍惜亲情，让我们在正确的人生价值上迈进了一大步。于娟，我的这个小老乡曾是那么的优秀，海归，博士，复旦大学优秀青年教师。人生风光无限。可是，死亡说来就来了。她在与病魔做斗争期间，艰难地写下《此生未完成》一书，她说："我曾经的野心是两三年搞个副教授来做做，于是开始玩命想发文章搞课题，虽然对实现副教授的目标后该干什么，我非常茫然。为了一个不知道是不是自己人生目标的事情拼了命扑上去，不能不说是一个傻子干的傻事。得了病我才知道，人应该把快乐建立在可持续的长久人生目标上，而不应该只是去看短暂的名利权情。名利权情，没有一样是不辛苦的，却没有一样可以带去。"这是怎样的警世恒言。有人说，也许于娟的故事会让有些人停一停、想一想，可是一定没多长时间，一切都会照旧的。我很相信这话，人是容易健忘的。所以，一个人该怎样的警醒，以至于她喊出"我们要用多大的代价，才能认清活着的意义"。她的博客写道："若天有定数，我过好我的每一天就是。若天不绝我，那么癌症却真是个警钟：我何苦像之前的三十年那样辛勤地做蝼蚁。名利权情，没有一样是不辛苦的，却没有一样可以带去……""活着就是王道，如是记之。"

有人说，如果于娟能活下来，她的人生一定会和以前不同。这我也相信。一个人最难的是时时警醒，常常反思。我们总该时不时地停下来想一想，我们该如何活着。

无论如何总该想想，赚得全世界，却赔上自己，有何益处？

03

北方话对于"罪"的理解真是透彻。北方人有一句很形象的话，说一个人"受苦"就叫"受罪"或"遭罪"。若是见某人正在遭受极大的苦难，就会说："那不是人受的罪！"或说："真遭罪呀！"这样活生生地把我们跟罪的关系呈现出来。所以一个人犯罪、去伤害别人，其实也是自己受惩罚、受损失。已有无数事实证明，一个人对别人的伤害最终都会加倍地报复在自己身上。

北方方言还有一句话叫"活该"，也形象地体现了这个意思。好像是说，有些罪是你活着的时候该承受的。这似乎是在暗示，我们的罪一般是要等到死后才能被清算。

罪，本身就带着刑罚功能，被捆绑，失去自由。那些赌徒和吸毒者，他们一旦落在罪里就身不由己，一次次地违背内心的意志往不归路越滑越深，这还不是失去自由吗？台湾师范大学曾仕强教授讲授《易经》时说，老天只允许动物每年发一次情，而人拥有自由意志，正因为自由，才应该自律。我觉得曾教授这话很有哲理，很值得现代人思考。

我们从"文革"那样一个禁欲的时代来到一个开放的、宽容的时代，这本来是该珍惜的，但很多人挥霍了这美好的自由，宽容不等于可以容忍罪恶，有宽容就有不宽容。网上看了一个人对陀思妥耶夫斯基《罪与罚》的读后感，里面有这样一段话我很认同：这本小说给了我一个信息，那就是，当人犯了罪以后，不管你怎么为自己辩护，你的良心并不会轻易放过你。所以，与其争辩，不如谦卑下来，决心悔改。当人决心悔改之后，所有的心理负担都会消失。所以，解除痛苦的最好方法就是认罪悔改。

可是，不谦卑的人是不会认错的，不谦卑的人以为凡事都可以靠自己，以为自己是最强大的。所以人愿意做一匹狼，一头豹子，于是有"狼图腾"文化，有豹子文化。西方把贵族精神比喻为豹子，暗示尊贵与不可战胜。这样的文化背景下，有谁愿意做一只羊？有谁看到谁骑着羊上战场？羊是软弱的、平庸的、被轻视的动物。可是，兵强马壮是胜利的条件之一，却不是秘诀。高头大马与血气方刚的将士一定能胜软弱的羊吗？巴比伦国今何在？强大的罗马今何在？事实常常超出我们的先验。而我们却总是想方设法去扼住命运的喉咙，却不肯顺服。儒家学派认为，人应顺其自然、顺应天命，追求天人合一。我们说："历史规律不可抗拒。"是的，规律的东西都要顺从的，这其实是个敬畏的问题。古人说，尽人事听天命，就是这个意思。羊是柔和谦卑的，是顺服的象征。

羊也是被看作洁净的动物。只有温柔有节制的羊才能成为圣洁的祭品。古时的以色列有 5 种献祭，燔祭、素祭、平安祭、赎罪祭、赎愆祭。其中羊就占 4 种。"人一犯罪，羊就受牵连。"故有"替罪羊"一说。我们的《诗经》中有许多写祭祀的诗篇，人们把酒醴、牛羊、植物等祭品奉献给老天和先祖，期盼着他们降福保佑。古代皇帝多有到泰山举行封禅大典的，就是祭天地、向上神祈愿的仪式。武则天这样不可一世的女强人尚在祈愿的文简和玉璧上写有消罪愿望的文字。

可见我们的古人是有敬畏的。而在那个"人定胜天"的年代，孔子必要被打倒，因为孔子是敬畏天的。这样，人就可以天不怕地不怕了，就可以与天斗与地斗了，就可以为所欲为了。不敬虔的年代人是狂妄的，那时有一个专有名词出现，叫"牛鬼蛇神"，专称那些被踩在脚底下的人。我仔细地想了这个词，把"神"与牛、鬼、蛇并列，还排在最后。更不用说对人的尊重了，那个年代的所有荒唐也就不难理解了。

（04）

当地的 L 医生嘱咐我尽量少走动，外地的专家说我还是要多走动。不管是走，还是不走，我都好不了。看了西医看中医，所有的医生说法都不一样，即使同一个医生也前后不符，我看到了医生的有限。我只想尽快地查出病因，对症治疗，哪怕是需要手术，实际上我已经被这久病折磨得不怕手术了，我原来是怕的，现在，我被折磨得所向披靡了，我想我是要崩溃了，支撑不住了。我说我要开刀！剖开看看我的关节到底是怎么啦？若能尽快好起来，哪怕是上刀山下火海。

久卧病榻，让我愿意顺服下来，愿意低下头省察自己。同时，我渴望有一种无限的力量来撑住我。李兰妮说："多年来人们不信天，不信地，不信人，不信神。你什么都不信，力量从何而来？你什么都不信，如何立足于天地万物间？你什么都不信，怎么会拥有平安、健康、美好的人生？"这是没有深重地病过的人所不知道的。关于无限，史铁生理解得最透彻，他说："尼采的麻烦，在于他把人所面对的'无限'也给虚无掉了。咱是有限，他是无限，咱是人，他是谁？只要诚实，只要思考，只要问到底，你不可能不碰上他。你又诚实，又思考，又问到底，可又要否定他，说他死了，能不出毛病？他是谁？他就是那个被称之为老天的无限之在！你愿意给他别的名字也行，但他绝不因为你看不见他、弄不清他甚至于否定他，他就不在，就不难为你。从这个意义上说，哲人是立法者和发布命令的人吗？他可命令得了'权力意志'所不及的无限吗？他只可能是，被围困之生命的侦察者和指引者。"多么发人深思的话。

感谢世上有个史铁生，这样说好像不地道，但史铁生和他的文字确实给了我逆境中的抱慰、照亮和启发。我在福建文学笔会上推荐过三个人的书，一个是刘小枫的《沉重的肉身》，还有两个分别是梭罗的《瓦尔登湖》和史铁生的《我与地坛》。我说史铁生是用几年的时间来思考生、思考死，凡个体生命必须正视的问题史铁生都一一思考了，这样的人写的书不值得看吗？后来看到他说刘小枫对他影响很大，就想，刘小枫的《沉重的肉身》对我影响也很大，看来喜欢一个作家的文字不是没有道理的。

05

　　病，渐渐地让人有了耐性，病中的
人不再是桀骜不驯的，最终还是让人学会
了顺服。我生病的过程就是从马变成羊的
过程，我知道必须放下血气方刚的东西，
学会做一只顺服的羊。然而，这也是极其
难做到的，这也是一堵我必须翻越的墙，
老天呀帮助我！久病，让我内省，我开始
痛哭流涕。内心的谴责已经开始，这痛悔
如撕心裂肺一般。这是灵魂苏醒的必然，
老天呀我怎敢在你面前说出我的内心是
干净的，你已给我生命的灯盏，省察我内

心的幽暗。那些时日，我常常为我以往的过错痛哭流涕。有时竟是挫骨扬灰之痛。灵魂没有苏醒的人又怎能理解呢？老天呀，你不愿意我在猪一样的泥潭里打滚。你一定是忍无可忍了才采用这样的手段拯救我。就让这久不治愈的病痛把我的锐气打掉吧，让我顺服吧。我若不能意识到，我所受的苦比我的罪当要少得多轻得多，又怎得赦免？

我渐渐地看到灾病的另一面，积极的一面。灾病，这里面有我需要学习的功课。作家李西闽经历了汶川"5·12"大地震后说："我内心已经没有了仇恨，仇恨是柄双刃剑，伤害别人的同时也在伤害自己。我甚至原谅了一切从前伤害过我的人，同时，我对在过去岁月里被我有意或无意伤害过的人，表示愧疚，希望得到他们的原谅。如果有机会，我会当着他们的面，真诚地说一声：'对不起！'这个世界需要的是爱，只有爱，才能拯救我们的灵魂。"这是生命之痛带来的人格升华，对世人的切身警醒。也让我想到了我对亲人的那么多亏欠。

记得有一次我炒菜发现没有盐了，让儿子去门口买包盐，他回来时雨伞不见了，小小人儿浑身淋透了的模样我至今记忆犹新。我问雨伞呢，他说他看到一个老奶奶牵着一个小孩在屋檐下避雨，说很可怜的样子，他就把雨伞送给他们了，我很高兴他有善良的心。我也忘不掉那段时间，有一群流氓在校门口拦住他威胁他，让他天天拿钱给他们花，给少了，那一帮人就拳打脚踢，儿子被打了好几次。每次儿子擦干眼泪才敢回家，他们威胁说若是敢告诉老师和家长就用刀剁了他。他就真的不敢说，他每天从家里偷钱给他们。后来我们发现钱少了，就以为他变坏了，他被父亲拳打脚踢，我也是帮凶，儿子满身伤痕依然不敢说，后来在我的逼问下，才知道了真相，我后悔那样简单粗暴地对待他，想到儿子受了很多委屈心里很疼。我说你为什么不早说，你应该告诉妈妈。儿子说他怕我担心，还说："告诉你有什么用？你又打不过流氓。"

更多的是健忘，我记不住父母的生日，甚至记不住儿子小学一年级时，每星期二下午只上一节课，总是忘记提早去接他。有一次我下班去接儿子，学校门口只剩儿子一个人，他嘴唇发白，嘴角起了燎泡，他说："妈妈你怎么这么晚才来呀？我好渴呀！"我忘不掉他那么无助的样子。忘不掉那次他腿摔破了，伤口发炎得厉害，天快黑了，他依然没有等到我，就一拐一瘸地走到我的单位，我单位离学校很远……还好，那时人贩子不像现在这样猖獗。后来他长大了，再不需要我去接了，我已经无力对他的童年做任何弥补了。其实做任何事都有它的时间和机会。就像上天给出你悔改的机会，失去了，终归要后悔的。

　　那种痛不会随着时光的流逝而流逝，时光的流逝只会加重那痛的砝码。那种伤害在他还是个小天使的时候就开始了。他的眼睛那样亮，浑身散发着奶香味，常嘟着小嘴、翻着两只小手问我一些人生的问题，像安托万·德·圣·埃克苏佩里伯笔下的"小王子"。都说母亲是伟大的，可我不是。我写过一首诗《一个母亲的忏悔》：儿子，你曾经那么小/小的唇，小的眉毛，小的脚趾/小到，我忽略了你那单薄的羽翅/儿子，我的小麻雀，你问了我一个/哲学家也不能回答的问题/你说，假如我和另一个男人结婚/那你会是什么样子的？还会是我的儿子吗/你歪着的小小的脑袋如水里泡涨的豆/我以为我今生只是为了一朵玫瑰/其实是为了与你相逢，那时我还年轻／我顾不上你和你的童话，我为了一朵玫瑰／只剩下瘦骨，我曾用我的瘦骨敲打你／今天，它们千百倍地敲打在我的心上／我悔恨在幼小的你面前演绎了那么多风暴／你总是竖起战栗的羽毛，绝望地尖叫／雨伞拗断了啦！你向风暴边缘的每一个人尖叫／那时，我不知道你两岁的世界／一把雨伞就是艾森豪威尔号／如果时光倒流／我愿意是你的一把伞／我愿意做那最屈辱的人／只要你的眼里没有风暴的惊恐／风暴曾把你裹进所有的问题／问题婴儿，问题儿童，问题少年／你叛逆的脚步一路狂奔，那么暴烈／把我所有的路径踩得漆黑一片／我以为你不再归来，儿子／你归来，在我的病榻前擎起一杯水／我所有的荆棘都绽放如花／儿子，这个春天你陪着我哪儿也没去／我便是这世上最幸福的母亲／儿子，你考上大学那晚／我对苍天诸神一步一叩首／我知道上天接纳了我的忏悔／如果时光倒流／我愿意为你，向一切苦难下跪／包括摧眉折腰于那个野蛮的教师／是你凄惨的吼声撑住了我的膝盖／儿子，你在一夜之间长大／这是我不能承受的／你折下翅膀便能覆盖我的春天／我知道我已无力为你撑起那把伞／只是，你的手依然给我过去的气息，我轻轻靠近／你像一只受惊的鸟儿，忽然收拢了你的翅／我听见疼痛顺着

我的指尖滴淌 / 我的泪猝不及防，洒在最繁华的都市里 / 因为我看见一双和你小时候一样的小手 / 那手与我便是扎进心脏的匕首 / 上神呀，原谅我 / 爱你不能超过爱我的儿子 / 你为爱舍弃爱子 / 而我唯独不能舍弃我的爱子 / 我不知道天堂里能否牵着他的手 / 但我一定能牵着你的手 / 请原谅我在尘世的日子短暂 / 我想拉长我的生命 / 一分一秒地爱他身上的每一根羽毛 / 可飞雪一下就降临了我的头……

这首诗曾发表在《福建文学》诗歌专号上，后被《诗选刊》选载，又入选《福建文艺创作60年选》"诗歌卷"。算是表达了我的悔疚。我是个失败的母亲，也是失败的女儿、失败的妻子。

这天，先生没有按平时下班时间回来，打手机亦是关机的，这是很少有的事，我忽然害怕起来，胡思乱想起来。平时过日子碰碰磕磕，现在才知道他的健康平安也是我的福分，我以前怎么就不知道呢？还总是心里不平，抱怨老天，心想苦难怎么都我一人担当，我总是羡慕他，从来没有住过院，从来没有做过手术，哪怕像甲沟炎拔除指甲这样的小手术都没经历过。现在想来，这一切都与我息息相关，他的平安也是我的平安。为此，我心存感激。

06

汽车，它是搭起我和远方的第一座桥。8岁前，我没有坐过汽车，也没有离开过我的奇章村，我只是一次次地跟随姥姥到村口，把从沈阳回家探亲的大舅送上汽车。我一直羡慕能坐汽车的大舅，汽车的诱惑滋生了我的不安分，有一次我的一只小脚丫已经随大舅跨上了车，又被我的姥姥拽了下来。姥姥说，我们只送到这里的。后来，8岁那年我还是踏上了汽车，我的姥姥终归没有拽住我，她岂是命运的对手。

我的姥姥像生了根似的，哪里也不愿去，那颗龋齿疼得她翻天覆地，她终于被连根拔起，坐到独轮车上被人推着去县城看牙。她穿着从箱底翻出来的一件簇新的蓝布衣，那是一种大跨度的遥远的颜色，是天空的蓝。我的姥姥盘腿坐在独轮车上，盘坐，这个姿势她这辈子太熟悉了，她年轻时最怕的是赶庙会，大姑娘小媳妇们都是粉缎银绸裹着三寸金莲，而我的姥姥8寸大脚踏一双大莲船。可她一双大脚并没有遮盖她美丽的脸，这样的反差也使她名声在外。庄上的人给她起了一个雅号叫"半截牡丹"，于是十里八乡无人知吴金花是谁，却无人不知半截牡丹是谁。赶集或是走亲戚时，她就盘着腿坐在驴背上，把一双大脚掩藏住，可男人们大老远见了还是要嚷开嗓子喊："快看呀，半截牡丹来了！"盘坐，不仅仅是遮蔽她的8寸大脚，也是一个坚定的姿势，她终身不曾背井离乡，奇章村是她的根，以致我的姥爷在南韩娶了漂亮的小老婆这样的大动作，也未能撼动她。就好像我的姥姥是奇章村的一棵树，是被土地捆锁住了的。

　　奇章村，如今它离我太远了，我说的不是地理的距离，是时光的距离，它离我的生活太远，远得就像聊斋里的，仿佛不是真的。奇章村，它是该出现在我的文字里了。奇章村人是不说"远方"的，他们说"外面"。他们说我的父母是外面的人，他们看我的眼光就与别的孩子有些不一样了。不一样的还有那些左邻右舍的孩子们，他们推门进家第一声喊的是"妈"，而我的妈在遥远的外面。

在我很小的时候，父母回过一趟家，我只记得母亲用萝卜给我刻了很多小人儿，在我后来的记忆里母亲的模样比那些萝卜小人儿模糊多了，但我知道母亲在外面工作。

外面，对于我来说是一个抽象的词。我的一件衣服就是外面寄来的布料制做的，灯芯绒面，有无数个半圆组成的图案，我看不出这灯芯绒布好看还是不好看，当时我还太小，还不具备审美能力。可大娘大婶小姑小姨们，还有我的小伙伴们都说好看，说是外面的东西就是好看，他们说外面的时候带着神秘，好像外面的月亮也是不一样的。我穿着外面的灯芯绒布做的衣服四处招摇。

奇章村只有一条街，在这里用"街"这个词，要有含糊和包容心。街中央有一家百货店，还有一家茶水铺，我的二姥爷就常去那里泡茶。当年二姥爷闯关东去了东北，混得不好，又去投奔我姥爷，我姥爷把一家面粉铺子和一间绸缎庄给了他，可我那嗜赌好酒的二姥爷，一夜之间就输了个精光，天不亮人家就来搬面粉。他无颜见我姥爷，就回山东老家了。他住在靠北面的厢房，黑咕隆咚的，他倒是很疼我的。有一天他喝醉了，哭着说他还有儿子呢，说在东北……姥姥听得伤心，就说你把他们娘俩接回来吧，可一直没见他接回谁来，他一直就这么孑然一身，他晚年一直是我母亲寄钱养他。

奇章村还有很多内容，还有卫生所、四季湾和一个庙，都是小小年纪的我所恐惧的，都是与生死有关的东西。四季湾是村头的一个大水塘，每年总有人溺水而死，也有自杀的跳在里面，老人说那里有水鬼找替身，晚上的时候我总是蒙着被子睡觉，我害怕四季湾的水鬼跑进屋子里。还有那个庙，庙里站着一些高大的泥人，个个凶神恶煞，我总是不敢看，看了要做噩梦。人们说那是神，可我不知道为什么被称为神的长相和恶人一样凶。

最让我恐惧的还是卫生所，卫生所里挂着一条白幔子，一个穿着白大褂的女人从里面闪出来，在我的屁股上打了一针，后来针眼儿里不断流出黄水，剧烈的疼让我日夜啼哭，让我记住了我的人生是从疼痛开始，至今还留有深深的疤痕。可以说我对卫生所的恐惧贯穿我整个的童年，它不仅是我肉体的恐惧，还有死亡，小云儿她妈，那么活蹦乱跳的一个人忽然就被人从卫生所抬出来了，她死了。死亡是心的恐慌。卫生所，它让我很小的时候就知道白色是一种恐惧的颜色，它的诡秘、幽冷和无边的苍茫挟裹了生命的起始与归宿。那时，死亡也是以这样的面貌出现，超越了我所能理解的时间空间的界限。那时候我只知道"死亡"是恐惧的，不知道它是人生的大痛，不知道"生离死别"的滋味。村上还有一家照相馆，这看似与"生离死别"还无关系的场所，确是起了诱饵或媒介的作用。

我在村子里唯一的一家照相馆照了一张相，外面灯芯绒布做的衣服无法遮盖我穿帮的鞋，大拇脚指穿透鞋子露在外面，还有那乡愁的表情，让千里之外我的母亲看流泪了，她说不能继续把我放在乡下了，于是，我随来故乡接我的陌生父母和弟弟们踏上了汽车。父亲说福建有一种玩具，一个盒子上站两个人，一个拿着枪对另一个说："你是什么人？"对方回答："我是坏人。"另一个好人举枪，砰砰，就把坏人打倒了。父亲用这样弱智的谎言欺骗了弱智的我。我无法想象会说话的玩具，那时科技还不发达，外面的世界以巨大的神秘感吸引着我，于是我兴高采烈地跟随父母踏上南下的路。临走时我对着发呆的姥姥说："姥姥，等我拿了玩具就回来，我还回来和你过！"可是那么爱我疼我的姥姥没有说话，她甚至没有流泪，她一动不动地坐在炕上，就那么望着我，又好像不是望着我。我临出门时的一回头，我看见透过混沌的窗玻璃姥姥那张蜡黄的脸，这张脸在我心底保存了几十年，这张脸被我一年一年地品读着，直至肝肠寸断。姥姥是一棵树，我也是一棵树，但我和姥姥又不是两棵树，我这棵小树嫁接在姥姥这棵老树上，我是姥姥身上的一根枝条，一片叶。分离怎能没有撕心裂肺地痛。但起初，生离死别是悄然地发生，我从姥姥身上的剥离是轻松的，是被打了麻药的剥离，疼痛注定要在麻药醒来之后。我的二姥爷去送我们上车，母亲说他是哭着回去的。我当时因为要坐汽车很兴奋，根本没注意他。我终于踏上了一辆汽车，我有生以来坐的第一辆车，我的五脏六腑却不安分地骚动起来，我呕吐了，吐得肝肠寸断，那是我对命运下意识的抵抗。可是，谁有力量阻挡汽车，这凶猛冷硬的大机器，我只能以自戕的方式进行。向南！向南！一路向南，运命流向直指南方，我看到树木列队一齐向后退，一齐向后退的还有我的奇章村，它们一点一点地变小、模糊、隐藏。下了汽车，上火车，我听见车轮与铁轨的合唱："空洞！空洞！"单调的歌曲，专为歌唱生离死别的苦难，"空洞！空洞！"敲打着我的骨头一路而去，直至我的心也有了一个"空洞"，一个没有人可以弥补的空洞。

路经上海的那个午夜我忽然哭了，很长时间弄不清我是怎么哭的，我没有做噩梦，什么梦也没做。那是在上海一家普通旅馆的一间客房，父母和两个弟弟都被我的哭声惊醒。我的哭声是从睡眠中爆发的，那么猛烈地穿过旅馆的房间，刺入这座当时最繁华的城市上空。现在想来，那是人的一种本能般的预感。就像出生时的啼哭，那哭声昭示着艰难人生的开始。而这一刻又昭示着什么？昭示着一个8岁女孩即将开始的生离死别？

我跟随父母来到福建闽南的一个军营，放学回家终于有母亲可叫，可我害怕她，她从没有碰触过我。我渴望母爱，但母爱对于我像是过了春天播种期的种子，即使施肥再多，我这颗种子也突围不出泥土的限制。母亲的话常常像刀一样伤害着我，我更加想念我的姥姥，我夜夜蒙着被子以泪洗面。在那漫长的岁月里，我一边受着思念之苦，一边修炼着自己的遗忘。我必须忘掉我的姥姥，麻痹自己，因为我要活下去。直到有一天，那是很多年以后的一天，我的姥姥去世了。我却哭不出来了，我默念着"姥姥死了，我的姥姥死了……"，我竟然麻木得就像这事与我一点关系也没有，我找不到一点悲伤的感觉，心里连"咯噔"一惊也没有。我必须找到一点悲哀的感觉，可我无论怎么努力，"姥姥"二字只是一个僵硬的代名词，一种社会关系的称谓。自我强迫后的内心，悲哀是那样的苍白。我知道了，时间的流逝已经让我找不到伤口的痕迹了。很早以前我就在心里一点一点地把我亲爱的姥姥埋葬了。痛苦也是一点一点地，情感的触须被一层层的尘埃覆盖了。这是我向命运屈膝的成果，也是老天对我的仁慈，否则我怎能担当那样生猛的悲怆。

多年后，我在我年老的母亲身上发现了姥姥身上才有的气息，那熟悉得令我发痛的东西，我母亲晚年的声调、动作、脾性、气味等等电流般撞击着我。让我看见我的姥姥看见我的奇章村，可我却无法走近，远方，逼迫我用一生去缩短这个距离，我走得很累很累。母亲的偏心和她后来对我婚姻之事的深度介入，让我心生恨意，成了难以治愈的痼疾。以至于她后来为我做了那么多的事都被我忽略了。后来我一次次的腿部损伤，其实就是上天给我悔悟的机会，让我感受母亲残疾之腿的艰难。我想起太多她为我所做的牺牲，她那么爱我的儿子，付出了那么多。她已是风烛残年了，加上一条腿受伤后的不便，那是怎样的老境？而我依然对往事耿耿于怀。母亲苟延残喘的生命，其实是陪伴我于这孤独的世界。

春节前，我刚摔坏了腿，母亲担忧得不行，我拍了片，医生说问题不大。我赶紧打电话告诉她，母亲说，这下可以过个好年了。当然，我的腿并没有像医生预料的那样好，为此我的母亲一直担心着。我似乎一觉醒来，忽然发现他们那么老迈了。跌倒，以这样的警示，重锤一样把我砸醒。母亲一生进过几次医院，动过多次手术，落下残疾，如今她已是风烛残年了，那是怎样的老境？我一次次地跌倒，亦是上天给我悔悟的机会，让我感受母亲的艰难。

母亲原在青岛一所学院的实验室工作，为了父亲，她离开美丽的滨海城市，改行做小学教师，跟随父亲的部队在乡间辗转。母亲手巧，会绣花、剪纸，还会做许多好吃的面食，她织的毛衣远近闻名。也许因为我是女孩的缘故，母亲为我织的衣服最多也最好看，使我在同学中出尽了风头。我的儿子出生后，母亲又接着为我的儿子织，儿子上幼儿园后迷恋军服，领子上要有红领章的，母亲就为他做军装，母亲的裁缝也做得好。后来听一个做过裁缝的朋友说，那是个很累人的活。如今，她那双巧手已经颤悠悠地连碗都端不好了。可我依然恨着她。

母亲的腿不能打弯，她的尿壶都已经用坏了，可我在医药公司工作，却没有想到要为她买新的，我根本就没有想到，这件事情在我的心里太小了，它与我的工作比我的职称考试、执业职格考试、我的写作相比，显得那么微不足道，以至于被我漠视了。直到我小弟从网上买来新的，母亲才换掉那个坏的。我当时在场是多么汗颜呀，我是多么冷漠、多么自私。

有一年春节前，母亲发现自己的身体有些异样，她怕影响我们过年，硬是不说，等撑过了春节，却耽误了保守治疗的时间，结果动了大手术。这些年，我为母亲做了什么呢？想到这些，我真的觉得自己对母亲太亏欠了。

我本来以为这种隔膜源于小时候不在母亲身边的缘故，我想我不会让我的不幸在我儿子身上重演，我一直没有离开过我的儿子。直到我儿子进入叛逆期，对我喊出："还我童年！"我震惊，我这才意识到做一个母亲是多么不容易。

如今，给母亲打电话，若母亲的声调和风细雨，我就知道父亲和母亲的现状还好，于是，我会先轻松地吐出一口大气，并心存感恩。母亲的语气声调就是我心情的晴雨表。我总是梦着同一个地点的梦，就是父亲的军营虎岚。弗洛伊德在他的《精神分析引论》里说梦是人的潜意识。我用了好长的时间才明白了一点潜意识。在虎岚，我的儿子刚降生，我的写作也刚开始，我的父亲母亲都还不太老，一切都还来得及，所以我想回到从前，回到一切还来得及的时候。我知道终身的遗憾已经铸成。可梦还在继续，我甚至梦到我被人劫持离开虎岚，被关押在一个别的地方。我一次次地谋划越狱，想要回到虎岚。整个梦都是惊心动魄的。只是"运命唯所遇，循环不可寻"怀旧，就是想重新回到过去，想要脱离被劫持的命运。

⑦

对家人对朋友，我心怀感激。有一种朋友很让我珍惜的，她们平素与你并无多少往来，不太亲密，却能雪中送炭。老同事小潘就是这样的朋友，她曾在一家医院骨科做过护士，当我向她咨询一些问题时，她得知情况的当天下午下班后就冲到我家，我家是有些偏远的，那天天气又很冷，她穿着大衣骑着摩托，冻得脸发青。她给我带来了一些骨科用药，还联系了一个骨科医生到我家看我。

福平，一个并不太熟悉的朋友，一个同样处在久病中的朋友，她来看望我，安慰我。带来鲜花和水果。久病使她的爱心比别人更多。她让我想起美国女孩卡罗尔，卡罗尔因车祸截去了小腿和膝盖，当她重新活过来，见到她爸爸时说："爸爸，我知道为什么这件事会发生，因为老天想让我去帮助那些受伤的人。"她去演讲时说："如果我有一项天才，那就是——在此期间，我的信念变得异常真实。"相反，我的一位旧交，曾因宫外孕大出血，濒临死亡的边缘，血压没了，心跳也几乎没了，医生都以为没救了。可她却奇迹般活了过来，迅速地康复了。可她没有想到这是附加的生命，老天附加给她的生命。现在，她对人依然冷漠。那场劫难来势凶猛，去得也快，没有给她留下任何痕迹。肉体虽然死去活来，而灵魂却依然沉睡。

　　我渴望在经历病痛之后，有所改变，有所提高。我们常用一个词来形容在痛苦里的煎熬："死去活来"。那就是说，经历苦难之后，旧我死去，一个新的生命到来了，重生了。"死去活来"多么形象的一个词呀，我们的汉字真伟大。

若生命没有改变，就是白白地受苦，这是生命里极大的损失。难道灵魂的苏醒，需要肉身疼痛的助力？在这个过程中，我深有体会，谦卑认罪是一个多么难学的功课！饶恕亦是难的。所以，我这顽冥不化的肉身，是需要一次次的警醒般地击打。第一次，膝关节损伤 7 个月后，保守治疗失败，做了手术。第二次膝关节损伤，保守治疗 4 个月后又做了手术，那是时隔 7 年后的遭遇。第三次另一条腿摔伤，住院治疗两个多月，这第四次膝关节损伤，这痛苦被拉得太长，反复的、绵长的，精神的凌迟。那是上天在等待我灵魂成长的路径。

　　生命的更新如同蝉蜕壳，一个痛苦的经历，我必须先迈出一步，努力改变自己，更加珍惜我的父母我的儿子，善待朋友。对于先生，我必须忏悔自己的过错，必须饶恕他的过错，我也真是这样努力了。但是，有一堵墙我一直回避，我无力翻越。我一直觉得我是一个诚实的人，我说我从不撒谎，可是我没有意识到我竟然撒了一个弥天大谎，却以为是无关紧要的，却以为是社会常情可以被饶恕的，我不肯正视这件事，不肯担起我该担起的责任，我内心的良知就是不肯饶恕我。这件事就是我骗保的事，第二次跌倒是在上班的路上，私企却不给我办工伤。那时医保有个规定，就是在家里跌倒的才能报销，在户外跌倒概不负责。于是我欺骗医保，说我是在家里跌倒的。

那个时候骗保是公然公开的事，理直气壮的事，堂而皇之的事，那么多人铆足了精明说谎话，我自然觉得我没什么错，慷国家之慨被认为理所当然。我隔壁床的那个外地打工妹，就是担心骗保会留下麻烦，便受到从工厂领导到职工的排斥，甚至连之前同情她的好工友都与她反目为仇了。那个身材和嗓门同样高大的副厂长，无忌地当众在病房里教授她如何与厂方口径一致地对付医保和商业保险。

可后来我的骗保还是败露了，我只好补交了我不该报销的医保费用。虽然那时候骗保盛行，但无论如何这不是光彩的行为，所以我无颜去办理这件事，是我的一位朋友替代我去办理的。我并没有引以为戒，相反，我觉得我太倒霉了太吃亏了，怎么别人能骗保过关，我却败露。第三次跌倒，同样发生在户外，应该是装修工人随意将乳胶漆倾倒在路上，我只感叹一个国家的公民素质至关重要，没有警醒自己。孔子说："君子慎其独。"因为独处时最能考验人的道德修养，因为掩藏的事，没有不显出来的；隐瞒的事，没有不露出来被人知道的。老百姓说："人在做，天在看。"看来真理都是相通的，可是没有敬畏感的我，只把这些当作苍白无力的劝慰，不知道真理是有权威有力量的。于是，第三次跌倒住院时，我就对医生说我是在家里跌倒的，心想反正没有人知道这件事，我窃喜我终于骗保成功了。

不想，没过多久，我就真的在家里摔了一跤，也就是第四次跌倒。没有做手术却极其折磨人的一次跌倒，而那伤情没有医生可治，每个医生都说法不同。渐渐地我心里像是有了预感。有了些明白，直到有一天我忽然警醒，想起这件事，想起我的谎言一语成谶，就真的在家里跌倒了。我想这是良心的谴责，是内心老天的谴责。德国哲学家康德说过，最令人产生惊奇和敬畏的东西，莫过于头上的星空和心中的道德律。就在我想起这件事的第二天，一位姐妹到家里来说起她自己的经历，类似我的经历，只不过，在那个关键点，她没有骗保，家人与朋友劝她用欺骗的手段来获取更多的医药费。她坚定地拒绝了，她经得住考验。姐妹一走我就开始哭了，我知道是老天在谴责我，我祈求宽恕。然而，在我想起这件事的时候，离我骗保的时候已经过去了好几年，时间越是久远我就越没有勇气去弥补，我不敢去"自首"，无论如何我没有这张脸皮。

我不停地问自己，我要不要还上这个钱，要，还是不要，我心里常常争斗得厉害。那心里的忧虑真有点像《罪与罚》里的拉斯柯尔尼科夫似的。我对自己说人家还要作账，4年了的旧账，做起来一定是困难的，人家岂不暗中骂我？等于我交了钱买骂。何况世人骗保是公开的，甚至不避讳的。如果我去补上这笔钱，人家会怎么看我呢？傻子？是的，或者以为我作秀？这就更可笑了。我的颜面何在？又没有人逼迫我，也没有人知道。何况才 1000 元。何况我觉得我已经受到了惩罚，我已经在家里摔了一跤，已经弥补上了，而且花的钱已经超过那次骗保的钱了，因为没有住院，都是自己负担，这不是都还上了吗？更何况医保这条规定制定的也不合理，为什么只有在家里摔倒才能享受医保，在家里摔一跤和在门口摔一跤有什么不一样呢？而且时间这么久了，账目已经结了封存了，我再去翻账，会给人家造成麻烦……

我不断地为自己辩护，寻找各种理由来抵挡，可是我的内心其实并不安宁。我内心有个声音说，虽然他们制定不合理条款是他们的事情，与我无关，合不合理我都必须遵守。于是我对自己说，这钱我还是要还上的，就像小偷被抓进监狱判了刑，他偷的钱也还是要还的。好吧，那就还吧。可是请宽限些时日吧。就这样我在心里跟内心的上帝讨价还价，日子一天天过去了。我为自己找借口，说这段时间是非常时间，我的父母住院，我又正好卖房买房、租房。

终于有一天我鼓起勇气，说出了积压在心里已久的骗保之事。终于了结了，这个压在我胸口的石头终于挪掉了。医保方面果然旧账已结，就对我说，你就把钱捐献了吧。于是我松了一口气，关于这件事，我把我的丑闻写在这里，只是为了见证跌倒给我带来的肉体遭遇和心路历程。史铁生把生病当作生命的体验，他说："生病也是生活体验之一种，甚或算得一项别开生面的游历。"

　　我想我若是一个保姆我不敢贪污东家的钱，我若是一个会计，我不敢做假账，我若是一个法官，我不敢徇私枉法，哪怕因此丢了工作，但我相信我会有更好的工作，我相信最终的祝福都是留给当得的人，眼前的那一点损失算不得什么。若一个大国出现了信仰缺失和道德滑坡，那么这个国家再富强，他的国民没有道德也就没有真正的幸福可言。这影响势必长久。一个人没有了道德底线，就不遵守规则，小到过马路闯红灯，大到作假。前不久我们的媒体曝光某家蚕丝被掺假，结果发现整个制造蚕丝被行业都掺假。再看看苏丹红、瘦肉精、毒牛奶，等等，人没有敬畏，就变得可畏。

　　我不能安心养病了，我的腿还没有
完全好转，我将近90岁的老父亲也住院
了，我的两个弟弟都在外地，漳州只有我
一个亲人，这照顾父母的责任自然就落
在我的头上了，这成了我担不起的担子。
虽然他们人缘好，不乏有人去探访。可这
不能替代亲人的作用，也不能替代我的
责任。我母亲怕父亲一个人在医院孤单，
每天都要去医院看望，她的腿上下车、乘
电梯都不方便。我该怎么办？我知道我
的腿也不能常常去，我拖着伤腿去菜场

买菜给父亲做饭，然后送去，我这样做只是想给他一些
安慰。前次他住院，我做过干饭、红烧鸡肉、鲜虾、芦
笋给他吃，他说好吃，赞不绝口，我再依样做来，他便
不吃了。我生活能力很差，不是那种善于厨房之事的人。
我艰难地做着这一切。也使我的腿伤更加严重了。有时
从医院回来，走在半路那腿就难受得坚持不住了。我痛
哭，祈祷上苍让我的腿尽快康复，心有余力不足真是人
生的大痛！

然而，一切都在改善都在改变，一切都以我意想不
到的方式进行着。首先，我怎么也想不到本来要在外地
安家的小弟回来了。小弟回来，一下子就把看顾父母的
重担给担了去。

我的儿子孝顺，我的婚姻也得到了改善。我的婚姻
按经验是不可能得到改善的，就像人不能抓住自己的
头发把自己拔高到空中。我儿子是我们的见证人，当
他看到他争吵了多年的父母相携走过马路时，他就那
么僵在路中间，在车辆来回穿梭的路中间吃惊地张大

嘴巴，像是看见了外星人。是的，他看到了不可能的可能。一切都在见证冥冥之中的正能量，一切都在见证"人对了，世界就对了"，腿的好转像是让我获得了一个新生，这余下来的时光该怎么活？怎样才能让自己更快乐？对别人更多些爱心？这是一门功课。有一门重要的功课，就是心存感恩。我现在每天早上醒来，就感谢老天又给了我新的一天，我要好好珍惜。我常常数算生命里的恩典、生活里的恩典，感谢我的腿康复！感谢有房住、有饭吃、有工作、有父母、有孩子、有家庭温暖。赞美大自然一切的美好！我空手来到这个世上，现在我拥有了这么多怎能不感恩，人在感恩赞美中心情会特别好，特别知足。当然，我时不时地还会遇到艰难与困苦，还会灰心软弱。这个世界，苦难是在所难免的。但经历了这么多，心灵有了一个正确的朝向，在重新整饬生命能量上也有所提高，生命也更加丰富。苦难中总是艰难的，可是过后就真的像《荒漠甘泉》里说的那样，遮盖你的乌云，若从地上望上去，果然是又黑又暗，可是乌云的另一面，却是光明灿烂的。人生的许多事情往往要从后往前看才能看清楚，要经过时间的沉淀才能知道真相。在那受限的命运里，我与我内心的上帝相遇，谁能说我不是绝处逢生呢。

第五次跌倒

平日里我们总是处于忙的状态，工作忙、家务忙、应酬忙……跌倒，是对原生活轨道的截断，从忙的状态中抽身，从日常的麻木中惊醒。一个"忙"字，有着不可思议的象形暗示，左边竖心旁，右边是死亡的亡，"忙"就意味着心的死亡。跌倒，使我不得不闲下来，再次倒空自己、审视自己，思考肉体和灵魂的事。

01

我是无论如何也想不到我会再次跌倒，第五次跌倒。我本来是去领奖的，去林语堂故乡领林语堂散文奖，去见仰慕已久的格致老师和散文大家们。我是那种吃了鸡蛋觉得好吃，就会对母鸡无比深情的人。可是，还没来得及登上领奖台，就上了手术台，就好像我是专程去赴难的，生活竟是这般的戏剧化。

我是在林语堂故乡平和一家最大的酒店跌倒的，这家酒店宽敞亮丽，像我来时的心境。之前，和家人刚去了趟台湾，隔天就来领奖，好事连连。台湾之行基本可以断定我这损伤多次的腿，绵长的养伤已告结束，腿伤基本痊愈。我到平和已是下午，我来时，撞见先我而至的某刊编辑，他看着我匆匆的脚步说："你的腿走得很利索了么！"我与他不熟，他见我吃惊，又说："江湖都在传说呢！"想不到这些年我一跛一跛地跌过去，一次一次地现身说法"跌倒了爬起来，再跌倒了再爬起来"这一人生哲理，不知不觉就有了盛名之腿。这些年，我的一个膝关节像一个易碎品，跌坏四次，做过三次手术。

晚餐后与格致、杨文丰、范晓波老师话别，回到各自的房间，格致老师邀请我与她同住，我谢绝了。我在房间打开行李，把那条网购来的新裙子挂到衣架上，藕色镂空蕾丝透着银色衬里，是我所爱的，明早我要穿着它上领奖台。那一刻我心里一定是"得意"的，"人生得意须尽欢"，我忘了我总在一马平川的地方跌倒，甚至是在容颜也好看起来的时候便跌倒了，就好像阴晴圆缺，当月满盈时，当人生得意时，就是最该谨慎的时候。我以为李白最了不起的诗句是《将进酒》中的"君不见，黄河之水天上来"和"天生我材必有用"。他的眼目能穿越虚空抵达上天，他是有所领悟的，由于他看不见去路，看不见未来，也只能是"人生得意须尽欢"了，只能酌酒、万古愁了。是的，君不见，这个世界有太多让人看不见的东西，就像我看不见命运的下一秒该向何处，看不见鲜花有了血液的红。

得意，指满意，感到满足时的高兴心情。但一定包含了骄傲的成分，人很容易得意忘形。既然是"天生我材"又有什么可得意的？"天赋"就是上天赋予你的能力，你既是领受来的又有什么可得意的？一个因天赋很高而骄傲的人，多少有点富二代炫富的嘴脸。天生我材必有用，"有用"这个词有着很浓的"利他"意味，若一个人只对自己有用，那就不叫有用了。道理很清楚了，"天赋"

就是上天赋予我们的才能，是要我们服务于人，而不是自我炫耀。托尔斯泰深谙骄傲的危害，《战争与和平》里的许多人物都是一骄傲就跌倒，这跌倒有的是身体动作性的跌倒，有的是人生所遭遇的种种失败。只是现实生活中骄傲与跌倒之间有时隔着大把时光，我们没能联想到而已。

　　就寝前我上了趟洗手间，我穿的是旅店惯用的一次性拖鞋，这轻薄的拖鞋载不动我得意的脚步。突然脚下哧溜一滑，意识回归，我惊悚地发现我倒在了洗手间的地上，我知道大难临头了，我横陈在地上的身子像一个破折号，引出了后面丰盛的内容：髌骨粉碎性骨折、韧带断裂，外加右侧一条肋骨骨折。当然，这是后来在医院得到的诊断结论，而当初我看见的只是曾经手术多次的膝盖正在迅速膨胀，我慌张地将地上的水用手掌掬起来浇在上面，微凉的水自然没能阻止膝盖的继续膨胀，像吹大的皮球，皮肤被迅速的肿胀撑得红亮，仿佛真的吹弹可破，一个巨型的膝盖像费尔南多·波特罗笔下那些体积肥大的绘画。我极度恐慌，我想我都这个年龄了，这已是第五次跌倒了，还是没能把自己修炼到波澜不惊的境界。我心里发出"为什么为什么？为什么我又会跌倒？"的责问，这一定是对我心中的正能量发出的，人是多么的不了解自己。

　　我坐在地上用双手代替双脚，在地上挪动爬行，我先去把房门内锁打开，又爬到床头柜那里打求救电话。当我经过洗手间的门框时，我停下来与它对视，这个门框棱角分明，那一刻我想一头撞上去，想让我的脑壳和我的膝盖一同破碎，这样就不用经历后续的那些疼痛、那些艰难的日子，还有因此而来的一切难处，我其实更怕这样的难处。

02

我的脑壳没有和我的膝盖一同破碎，杀害生命需要很大的勇气，无论是杀别人还是杀自己都不是容易的事。我从平和医院连夜转到漳州医院，忙坏了文友荣才和水成两位兄弟，已经疲惫不堪的水成兄弟又一路护送我回漳州。我躺在车内的担架上，汽车一个小小的颠簸都使我剧痛难忍，我疼得昏昏然一路说着胡话，一路上水成兄弟紧紧握住我的手，不断地叮嘱司机开慢点。格致老师打来电话，一再自责地说，那晚要是坚持挽留我住她那间客房，兴许我就能躲过这场劫难。杨文丰与范晓波老师也在电话里问候我，以及后来我们的作协主席和许多文友的探访关爱，让我恍惚觉得我的"跌倒"是一个文学事件，给了我很大的安慰。

那晚，赶到漳州医院已是凌晨4点，我先生接到水成的电话火速赶来，他惊慌失措的样子，说哎呀怎么又跌倒了！他有权利责怪，我的腿让他不堪重负，每次手术都是他独自一人等在手术室门外，他要经受多少惊慌与压力？见了他的面我忽然大哭起来，我躺在担架床上哭着说："对不起，我总是拖累你，对不起！"这不是我平日说话的语气，此刻我是低到尘埃里的，看来和膝盖一同破碎的是我的骄傲。

先生竟也受不住了，极力安慰我说："好了好了没事没事！"这也不是他寻常的语气。寻常日子里我们常常互不相让，都想占上风，老天不喜欢这样的。老天造夏娃用的是亚当的肋骨，不是头盖骨也不是脚骨，老天不喜欢女人爬到男人头顶，也不喜欢女人被男人踩在脚底，肋骨，那就是一个怀抱的位置，平等相爱的位

置。可是，以我的小聪明和优越的家境，谦卑是一门多
么难学的功课呀。往往电视打开，女人坐着，男人拖地
亦是寻常景象，这是个"灰太狼与红太狼"的时代。从
骄傲到谦卑，我经历了5次的跌倒。我想起里尔克的
那首《秋日》：

主呵，是时候了。夏天盛极一时。
把你的阴影置于日晷上，
让风吹过牧场。

让枝头最后的果实饱满；
再给两天南方的好天气，
催它们成熟，把最后的甘甜压进浓酒……

这首诗有很多翻译版本，我喜欢北岛这首转译于英
文版的。索洛乌欣说过："诗歌翻译，只有当译文进入被
译成那种语言的诗歌当中，堪称是理想的翻译品。"我喜
欢的不仅仅是因为这首诗进入了我们的汉语诗歌，还有
"把最后的甘甜压进浓酒"我仿佛是忽然读懂了这样的一
个"把"与一个"压"，这是老天的作为，干脆有力。译

者毕竟在欧洲待过，才有着对西方文化这般的悟性。

也许，为了"让枝头最后的果实饱满"我必须再有这第五次的跌倒。我的主刀医生60多岁，长期的骨科主任身份，使他的面容也威严如一把手术刀。他做过无数成功的手术也出过医疗事故，谁也无法保证他能成功地做完我的手术，我不知道我的腿能否成功地接好，我甚至不知道我被麻药带到悬崖边的生命能否安全着陆，忽然就想起那句唱词："今晚脱了鞋和袜，不知明天穿不穿。"手术台直截了当地告诉我，命运并非时时掌握在自己手里。有熟人问，要不要换个医生，我说不换。

很快，医生把两个铆钉钉进我的膝关节，我的身体就不再只是泥做的水做的，不再只是血肉筋骨的身体。钢铁与泥土混凝支撑起了高楼大厦，钢铁也要与我的血肉筋骨一同支撑起我灵魂的殿堂。我不知道加了铁的骨头是不是更坚硬？是不是站立得更直不再会被灾难打倒？我的灵魂是否拥有铁的硬度与力量。白色的手术室流淌着我红色的血，留下黑色的记忆，这最刻骨铭心的色情经历。我儿子说，人家叫铁拐李，你就叫铁拐于吧！

我想，这两小块的铁要陪伴我终身了，膝关节也叫膝盖、菠萝盖，也有方言叫"拐"的，那就叫"铁拐于"吧，挺合适，于是就在微信群里用了"铁拐于"这个昵称。

想不到，我这次上手术台竟没有害怕，麻药也在我身上失去了淫威，手术后的那一夜也不难熬。倒是后来绑上支架固定的那些日子，日日夜夜一个姿势，吃喝拉撒全在床上，便有度日如年之感了。于是我数着日历过日子，盼望早点去掉支架起来走路。

那些日子我还必须骗过我的老父亲老母亲。我说我到福州学习了，可80多岁的老母亲真是不好骗的，她一直存在怀疑，电话里问我儿子："你妈妈怎么学习那么久？"又问我先生："燕青去哪里了？"我躺在床上的那些日子，我母亲她一直在寻找我。先生、儿子、小弟和我串通一气，口径一致，她没辙了。我电话里说妈你要保重！她说你自己好好的吧！她这句话让我觉得她还在怀疑我。她又问，冬天的衣服你带了吗？你有钱吗？给你点钱吧？我这个资深啃老族赶紧说不要，说我们培训班吃住都不要钱。

母亲家里买了螃蟹，先生被母亲叫去吃螃蟹。临走时他遗憾地对我说，你吃不到了。我说没关系。饭桌上他故意说吃这玩意儿太慢，还是带回家看电视吃。母亲就又给了他一只，于是我也吃到了。最后我善意的谎言还是穿帮了，我忘了一件事，那个给我做手术的医生的岳母也住在我父母的那个干休所里，而且就在我母亲家对面。他本来很少回家的，回家也不一定能见到我母亲。可是忽然有一天他就回去了，还就遇到了我母亲，于是他就对我母亲说他给我做了手术。我母亲立马打来电话说，你在哪里？我说我在福州呀！她说你到底在哪里？不要骗我！你这样我会更担心！我跟你爸爸会更担心！你到底在医院还是在家里？我已经回答不出来了，我泪流满面，我只好实话实说了。我说我已经手术半个月了在家疗养。我母亲说叫我先生回家拿点钱拿点东西给我，我母亲马上又给我先生打电话，说你回来一趟，家里有点事。我母亲一向只想给孩子恩惠，却不轻易麻烦孩子的，所以我先生吓了一跳，以为我父亲出了什么事，就先给我打电话问情况，我还在哭呢，他一听我的哭腔，更加想到坏的地方了，于是人一下子崩溃了，口里喊着：

"燕青呀燕青呀爸妈怎么了？"我赶紧说没事没事，她只是知道了我的情况。母亲把钱揣给我先生，又把他们的营养品都让我先生带回来，对他说辛苦你了，你和她一起吃。我先生也流泪了，回来对我说，老岳母太好了。这样一来，我就隔三岔五会收到母亲差人送来的饭菜。

（03）

终于挨过度日如年的煎熬，到了可以拆除腿上支架，做康复训练的时候，以为这是渡过险滩来到水流平缓的地带，我不知道还有这么一个严峻的考验在等着我。拆掉支架，我先是吓了一跳，我的腿已经萎缩到惊骇的地步，那根腿骨下面只剩下一点肉，稀溜溜的像水，像是旧皮袋里装了一点水。刀口依然触目惊心，刀口处依然红肿，医生到家里看了担心有淤血，让我回医院拍片，因为骨科有个病人正死于淤血。我怕麻烦比怕死更甚，我就一直拖着不去。做康复训练时我才知道，最艰难最痛苦的时候开始了。我不知道还有这么一个严峻的考验在等着我。一条腿直绷绷地不能打弯，原因是关节已经长死了。现在却要一点一点压弯，弯到能蹲的弯度，那一丝一毫的进展都仿佛要了我的命，那是简直二万五千里长征的苦难。膝关节里的两小块铁，也与我的血肉筋骨长到了一起，让我的血肉筋骨如铁一般坚固，让我经历了铁的疼痛。那是丝毫都不能忍受的、从未经历过的新的疼，那疼像爆炸一般噼噼啪啪，把我的生命逼到了绝路，每次疼起来就立马想从窗子跳出去。

我每天坐在床沿上让保姆帮我压腿，每一天每一次都让我想到电视里坐老虎凳的情景。我跟医生说实在太疼了超过了我的忍受，我不练了，我就当残疾人。医生说不行，不能怕疼！可那疼已经远远超过我能忍受的程度了，我甚至想腿要是能弯了，老命是不是就没了。

我的惨叫让保姆害怕，她说像谋杀，她有时还看看对面楼，怕人误会打110报警呢。早晚保姆不在的时候我就自己谋杀自己，反正我练得很积极，大冷天一下子就疼出了汗，保姆的手掌也都是汗，我常觉得我活不出个人了，我宁愿过谋杀的白天也不愿过夜晚。

一到晚上五六点钟我就开始害怕，白天的疼，都会在晚上加倍地爆发出来。还有，我关节里那两个铆钉，那两小块的铁，坚硬，黑暗，锥心刺骨地疼。铁，没有让我如铁一般坚强起来，没有"铁骨铮铮"起来。却在我的身体里搅动不安，使我不能侧卧而眠，它们总是硌着我，让我对铁有了切肤之痛。

我一整夜一整夜地疼着，不能入睡，大冷的天爬起来坐着哭，那种煎熬无法用语言描述。我说我就像一个村姑，有一天忽然想在路边摆个茶水摊，于是就去摆了。正好那天附近有革命党人在开会，警察来抓，革命党都逃走了，却把我给抓了，硬说我是给革命党放哨的，硬说我是他们一伙的，说我以前就没摆过茶水摊，为什么偏偏这天来摆？让我从实招来！招出革命党人都谁谁谁，我哪知道呀，我冤枉呀，于是就给我上老虎凳，天天用刑，我想当叛徒都不成呀。有人安慰我说，老天看重你，熬炼你，问我见过特种兵训练吗？见过魔鬼训练吗？我就说，那就别让我当特种兵，我不行，我充其量只能当一个后勤小兵……想不到我就这么一点一点熬过来了，一段时间后竟已经到了能蹲的角度，只是还没力气蹲下去。但总算熬过来了。

若说此前的几次跌倒，史铁生的文字安慰着我，陪伴着我。那么这第五次的跌倒，护工小贾讲述了一个史铁生般的人物，他的故事也同样安慰着我，那是小贾曾经护理过的一个人。一个供电局的小帅哥，在他人生的巅峰，正要升职、娶妻的时候，忽然跌倒，半身瘫痪。就在升职的前一个晚上，也许他自己都觉得自己太幸福了，他怀着一颗感恩的心加班到晚上，又爬上房去修理空调，忽然就从房上摔了下来，于是身体跌碎了、职位跌碎了、婚姻也跌碎了。他坐在轮椅上是多么的不甘呀，当地治不好他，他就一次次地到外地求医，可是最终他还是坐着轮椅回来的，他没能站立起来。每次在我熬不下去的时候，小贾就会把他抬出来，就会说，你想想人家比你难多了。是的，在我像坐老虎凳的痛苦里，是他更猛烈的苦难安慰了我，一个陌生人用他的痛苦安慰了我，苦难是靠苦难安慰的，就像以毒攻毒。每次，他更猛烈的苦难不仅仅是安慰，也是一种心痛，他对我的安慰和我对他的心痛交织在一起，百感交集。

在我极其痛苦的时候，还有另个人安慰我，是一位本地驻军的战士，他是从朋友处知道了我的情况，就常给我打电话安慰我，鼓励我，因为他也曾摔断了腿，也曾在床上躺了很久，也曾做极其疼痛的恢复训练。我至今没有见过他，我是幸运的，因为有这许多见过的和没有见过的人们的慰藉。

平日里我们总是处于忙的状态，工作忙、家务忙、应酬忙……跌倒，是对原生活轨道的截断，从忙的状态中抽身，从日常的麻木中惊醒。一个"忙"字，有着不可思议的象形暗示，左边竖心旁，右边是死亡的亡，"忙"就意味着心的死亡。跌倒，使我不得不闲下来，再次倒空自己、审视自己，思考肉体和灵魂的事。跌倒，就是足下大意，也叫"失足"，曾有报道某电信基站维修员维修时失足跌入悬崖……而失足跌入人生旅途悬崖的似乎更多。"一失足成千古恨"里的"失足"指的就是这种状况，把失败与挫折叫"跌倒"是多么精确的比喻，在漫漫的人生旅途中谁都有可能跌倒，并非所有跌倒的人都能爬起来，并非所有爬起来的人都有一个新生。英国伦敦的一家私立中学里有一尊雕像，大理石基座上托举着一尊高大的巨人。我在各地见过很多巨人塑像，古今中外各领域建功立业者，这些伟人、精英、名人的塑像都是高大上的形象，或英俊庄严，或所向披靡，或巍然屹立，或坦然优雅。而伦敦的这尊巨人塑像，却是颠覆了巨人的规范形象，巨人身体前倾、一只脚踏空，动感十足，像被抓拍到的"跌倒"瞬间。跌倒、厄运、毁灭往往就在一瞬间，这尊塑像就是一个残酷的真理。这是一尊即将倾倒的巨人，踩在命运转折点上的巨人，让人想到即将来临的轰然倒下，强梁顷刻间的土崩瓦解。

不管是跌下悬崖还是跌倒在地，或是破产从富到穷或是从领导地位到阶下囚等等，不是体位改变就是地位改变，无论体位还是地位，都是从高到低的改变。跌倒，瞬息之间度量了从天堂到地狱的距离，从完整到破碎的速度。跌倒，是人生特定的环境，在这个特定的环境里，有需要自省与学习的功课。人在苦难中总爱问为什么。一位哲学家认为生病都是有原因的。按这个观点，跌倒也是有原因的。可我这第五次的跌倒，我找不出原因，便迁怒于老天，自己也到了无望与绝望的边缘。我忘记了约伯所给我的启示。约伯起初也想要知道答案，于是一次又一次地追问，可自始至终都没有得到回答。说破了，是因为上帝跟撒旦打了一个赌，一个关于约伯忠诚问题的赌，约伯就遭遇了这样的劫难。也就是说原因不在肉眼可以看见，人心可以思维的地方。不单单是地上的一场风波，更是高处善恶交锋的事实。上帝不能把这个谜底告诉他，这就好比你要试验你情人的忠诚，难道会提前告诉他（她）说你要做个试验来考验他（她），看看他（她）到底爱不爱你吗？如果这样，那结果你一定会很满意，但那结果你敢相信吗？

当一个人无故受苦，甚至好心被雷打，他那初心还能保持下去吗？当好心没有好报，当"善有善报，恶有恶报"的观念受到挑战，一个人的信心、道德、信仰也会受到更大的考验。约伯经受住了这样巨大的考验，他知道这个世界有苦难。在苦难与挫折中，约伯有了更大的忍耐，更大的智慧，因为他有那样了不起的"苦难观"。

（05）

　　我在漳州新闻网看到了一篇报道，
说的是瘫痪在床 28 年，鲁丽华笑对人生。
那么现在已有 30 年的瘫痪史了，报道
上有这样一段文字："鲁丽华如今独自蜗
居在市区益民花园的一间廉租房。每当
有客人来拜访，鲁丽华便把房门钥匙挂
在一条红绳上，红绳的一端绑在防盗门
上，她轻轻拉动绳子，钥匙顺着绳子滑
落到门边，来客取出钥匙打开房门。昨
日，记者随群裕社区工作人员一行前往看
望鲁丽华。"这是真的，我也曾去探望过

几次，鲁丽华过着每个月 300 多元的低保金日子。她是 1984 年跌倒后瘫痪的，后来又因慢性骨髓炎做了截肢手术。她说："我下面的骨头都没有了，腰部不能下弯，身体也难以保持平衡。我现在很害怕东西掉在地上，捡东西对我来说是件很危险的事情，稍有不慎，便会翻倒在地。"尽管生活如此艰难，但她从未失去对生活的信心。报道还说："由于鲁丽华没有子女，孑然一身，为了寻得精神的慰藉，皈依了基督教。鲁丽华告诉记者，由于信教，她有幸认识了不少兄弟姐妹，他们给她的生活带来极大帮助。其中，漳州三中一位退休老教师，10 多年来每个月都来看望她，帮她解决生活的难题。除此之外，群裕社区的工作人员不时组织义工到她家打扫卫生，并送来米面等生活用品。"她的状况也激发了人们的爱心，鲁丽华的精神也鼓舞着许多人，她如此艰难却能如此乐观，真的很令人钦佩。

　　我还认识一位叫高玉珍的女子，这位农村妇女高玉珍原来的婚姻生活并不幸福，她说丈夫是个不会讲甜言蜜语的人，木讷得很。像所有问题婚姻的家庭那样，小吵时常有，大吵三六九。这让高玉珍感到人生的无趣与痛苦。她曾经与丈夫陈顺国大吵之后，绝望地冲出家门，陈顺国没拦她，她就越想越气，她甚至想到了死，想一死了之。可是，高玉珍怎么也没有想到有更艰难的人生路等着她。2000年，她在一次打扫卫生中，不慎从高处跌落，造成胸椎神经损伤性下肢截瘫，天一下子塌了下来，他们四处求医，手术后没有治愈。医生说这是目前还不能攻破的医学难关。这无疑是对她命运的宣判。那时她的丈夫陈顺国因焦虑整天郁闷不乐，按照村里的迷信说法，说他们的房子不吉利，必须换地方住，可到哪里去住呢？丈夫只好背着悲痛欲绝的高玉珍到兄弟家借住，但他们也有难处，衣食住行中的"住"向来就不是件容易的事，本来就艰苦的条件，加上迷信的陋习，使他们难上加难，最后在奶奶那儿找到一间又小又破旧的小屋，暂且落脚，简陋到保姆都待不住了，高玉珍至今对那段日子心有余悸，不堪回首。当时看到帮着安顿自己的父母兄弟们脸上都挂着掩饰不住的忧愁，尤其是父亲不由自主地叹气、母亲极力地掩饰和背地流泪，都像一把把钢刀刺向高玉珍的心脏，来自亲人的疼比瘫痪的厄运更让她难以忍受。她深深地感到被逼迫的灵魂比肉身更无处安身。灾难和压迫往往都是来自身外，直逼内心。她丈夫这个坚强、沉默的汉子忍不住流下了泪水，不免，心里也有些怨恨，心想人家娶老婆是帮助自己，而我的老婆反倒成了我这么大的负担。那时他背地里爱唱一首歌：为什么，我比人家更认真，却比人家更命苦……

　　然而，我没有想到，厄运没有把她打倒，反而提升了她的精神，原来她是不识字的，连普通话都不会说，现在却不同了，能读报看书，能讲一口流利的普通话。要是现在去看他们，你会惊讶，这对夫妻是那么的融洽，那么的喜乐。夫妻俩，不再抱怨，他们凡事感谢、凡事包容、凡事都为对方着想。有段时间，陈顺国一心想要盖座像样的房子给妻子住。陈顺国搞运输，白天要上班，那摊子活很累，晚上要巡视每一辆车的状况，确定维修和第二天的运转，回到家往往已经很晚了。于是，白天他为妻子请来保姆，晚上回来，再累他也要给妻子洗完澡再睡。这是个很重的活，保姆做不了。7年来，他没能在12点之前睡过一个觉。高玉珍现在能坐在轮椅上煮饭了，为了减轻丈夫经济上的负担，她坚决辞掉了保姆。陈顺国怕她太累，就每天早早起床把衣服洗好，再做早饭。高玉珍过意不去，陈顺国也只是笑笑。高玉珍生了褥疮，陈顺国又带她去医院诊治，褥疮严重时，他害怕她褥疮溃破，就不让她做饭。他几乎包揽了所有的家务活，工作也没耽误。村子里的人都觉得这是奇迹。高玉珍看着丈夫这样劳碌，心里很不安，她愧疚地说，7年了你就是服侍个孩子也该长大自理了，可我……他说："那你就是我长不大的婴孩。"说得高玉珍破涕为笑。这些年，不善言辞的陈顺国也学会了调侃，每次妻子愧疚时，他就会说："我会一辈子服侍你的。这是上天赐给我的担子，我必须背着它才能走好人生路。"这大概是高玉珍第一次听到丈夫的甜言蜜语。这是陈顺国用行动写就的甜言蜜语。

在经历了这样磨难的人生之路，高玉珍的生活反倒比瘫痪前更幸福了，她虽瘫痪了，却走出了一条喜乐的路。她说现在她的内心是安宁的，那是真正的幸福。他们是了不起的人。这听起来有点像励志故事、心灵鸡汤，但这是现实中真实的事例。

护工的故事

　　她混迹在怏怏的病人和天生面容平庸的护工之间，她的美显得那么的不真实，恍惚以为是演员来体验生活的。夜幕降临后，她披着那件飘逸的薄风衣起夜为我端水倒尿，她那朦胧的身影又像是聊斋里那些从什么物件或是什么动物变化而来的，她的美便带了些惊心的戒分。总之，我觉得她不是做这份工作的料，觉得她身上有故事。

(01)

　　我初见小潘竟有些目瞪口呆，她太美了！她的美出现在这里就有了侵略的意味。小潘是我的第一个护工，我也是小潘的第一个病人。也就是说小潘初入此行，我那时也是第一次跌倒、第一次膝关节手术。她混迹在恹恹的病人和天生面容平庸的护工之间，她的美显得那么的不真实，恍惚以为是演员来体验生活的。夜幕降临后，她披着那件飘逸的薄风衣起夜为我端水倒尿，她那朦胧的身影又像是聊斋里那些从什么物件或是什么动物变化而来的，她的美便带了些惊心的成分。总之，我觉得她不是做这份工作的料，觉得她身上有故事。很快，她就以她良好的服务纠正了我的偏见。

我们都属于那种容易相处的人，我们的关系很快融洽起来，我若说，小潘你好漂亮哟，她就会马上回应说我也很漂亮。她见我举着镜子感叹这里没长好，那里没长好，就以略带责怪的口吻，或稍稍尖起细嗓门来表达她的立场："哎呦，美中不足呀！"起初我没弄明白她的意思，还以为她在婉转地批评我的长相。后来明白她是说我不知足，意思是说我这么漂亮了还不知足。不知道是不是受了"身在福中不知福"的误导，她说得理直气壮，我只好哈哈一笑。起初我只知道小潘来自江西，很快我知道了她是婚姻出了问题才出来做工的，她说她跟老公吵架了，于是就偷着跑出来做工。她说得轻描淡写，我以为她会很快破镜重圆的，倒不是想到鲁迅关于娜拉出走那样的问题，在这个问题上，艾丽丝·门罗的《逃离》我以为更深刻，社会的复杂人性的复杂，不只是金钱可以解决的。我没有再多想，何况我还在病着。我们萍水相逢，却也算得上患难之交，我跌倒了，她不也是跌倒了吗，她在婚姻上跌倒了。

小潘是我从一家护理站打电话请来的，这家护理站名声在外，护理站的护工都是经过严格的上岗培训和防疫站体检合格的。护理站的工作人员果然很负责任，两个工作人员亲自将小潘送上门，第二天又专程来了解情况，问我，你对小潘的工作还满意吗？我说很满意。护理站这样慎重其事，让我觉得护工是一件重要的工作，本来也是，只是那时候没有意识到，我们这辈人都只生一个，社会节奏加快像穿上了红舞鞋，护工也越来越重要。当初并不觉得珍惜，心想服务业么，总是越来越好。

小潘确实让我满意，我对护理站的回答不是碍于情面、不是说敷衍的话。她不但人长得漂亮，性格也温顺。我虽好护理，但术后的第一夜也是很折腾人的，我被疼痛与说不出的难受折腾了一晚上，小潘就被我折腾了一晚上，一会儿给我揉背，一会儿给我喝水，一会儿给我端尿，一夜没睡，始终和颜悦色，毫无怨言。她做得很尽职，给我洗脚时，她的纤纤玉指深入我所有的脚趾缝，一丝不苟。恰逢我父母来探访，看到她这样，很开心，也很放心。有小潘的细心护理，我恢复得很快。医术与护理，缺一不可。

　　小潘除了去买快餐和打 IP 电话（那时候手机还没有普及），其余时间都陪伴在我身旁，不像后来的护工每天都要离开几小时，那可真是 24 小时陪护。我做康复运动时，她就在旁边很认真地看着表数数，让我感到现代社会服务业已达到能使鬼推磨的程度。小潘打 IP 电话是打给她的孩子的，她有两个孩子，大的是女儿，正读小学，小的是儿子，还在幼儿园。

我住的是两人间的病房，同病房的那个病人还在等待手术，晚上总是偷偷溜回家住，于是病房里就我和小潘，我们就疯起来，唱歌，大笑，惹得值班护士来警告，才收敛。小潘很开心，说遇见我这个病人很幸运。应该说，我能遇见小潘，小潘能遇见我，都是幸运的。就在我们的关系更加融洽的时候，我得知"小潘"不是她的真名，她没有告诉我她的真名，只说了她姓徐。她出身贫寒，因为美貌嫁了有钱的人家，丈夫很爱她，但却疑神疑鬼，总怀疑她，今天怀疑她跟这个男人好，明天怀疑她跟那个男人好，后来发展到拳打脚踢。那天丈夫又发飙，小潘正在削水果，竟用水果刀捅了他一刀，见血滴在地上，她害怕了，不知该怎么办，丈夫也去厨房操刀，后来家人来拦阻，她就乘机逃出来了，她做了假证件到护理站来上班。后来小潘忍不住，打电话给女儿，才得知她那一刀只是捅在左胳膊，一个很小的伤口，已恢复，而且丈夫也原谅了她，正在寻找她。她更害怕了，不敢回去。知道这件事后，我再看小潘就不一样了，我心里多了点什么，也就是说，她的冲动和敢于动刀，是让我心存芥蒂的。此后，在只有我和她的房间里，我是多了些戒备的，我们的关系不再像以前那样随便了。虽然我内心为她开脱，我心里想着小潘只是"狗急跳墙"，人都会狗急跳墙的。我还想着她可能那天正值月经期间，美国有份报道说美国女杀人犯大多在月经期间，这和激素分泌有关，人就会容易出现非理性行为。可是我依然不能说服自己。当然，表面上我们的关系一如既往。

她常常开心的时候忽然忧郁起来，就会问我，说她该怎么办？意思是说她老公这样，她该怎么办。也许她觉得我有文化，能给她答案。可是面对这样的人生难题，我很羞愧。她知道我业余写点东西，就说让我帮她写诉状，她说她要离婚。我说我不会写那玩意儿，她快快地有点不相信。

我恢复得很快，拆线后就能走着出院了。因为离护理站合同上的时间尚有一星期，我的腿还没好利索，我就把小潘带到了家里。家里环境不错，她很高兴，她住我儿子的卧室，我儿子住我母亲家。我送了她两件新衣服，其中一件是我忍痛割爱送的，苹果绿色的短袖上衣，很漂亮，她高兴得欢呼起来。因为我不需要怎么护理，她就大半天大半天地坐着看电视，不主动扫扫地什么的。我就有点生起气来，觉得对她太好，她反而懈怠了。我先生也生气，说花这么多钱请她来家里坐着看电视？我让先生小声点，因为我又想起她的敢于动刀。见我们生气，她及时做了检讨，说我们对她太好，她就放松了自己。听了这话我们心都软了。她也恢复了先前的殷勤，她希望合同期到后还能继续留在我家做工，她说我还没好利索，工资她也可以减少，她说她喜欢和我在一起。我不但没有续用她，还提早让她回去了，工钱照付。也许是还对她心存戒备，我们友好地告别了。

后来，我吃惊地听说……是我的一位去医院探访过我的朋友说的，说是在牌桌上陪人打牌的那种，打赢了有钱赚，打输了出卖肉体。我不相信，但朋友说得证据确凿。于是就感叹，卿本佳人，为何做娼？可再一想，做这个的，又有几个不漂亮的？不仅又黯然起来。我再也没有遇见像她这么漂亮的护工了，我再也没有遇见像她这么好的护工，再找护工的时候就免不了想念起她来。那个时候我还没接触太多护工，还不知道，找一个好护工，比贫困山区老光棍找一个老婆还难。

（02）

亚惠与亚花是我第二次膝关节手术
期间请的护工，她们的名字一听就是典
型的闽南乡村女人的名字，她们是先后
出现的，亚惠在先，亚花在后。先说亚惠，
这次请护工没第一次那么幸运了，遇人
不淑是内因，外因自然是护理站的撤销。
护理站撤销了，这让我很吃惊，看来生
活的某些方面并不是越来越好，工业产
值持续提升，经济高速发展，而某些方
面却越来越退步，甚至走入困境。护工
没人监管了，无组织无纪律了。也不能

226
227

说他们无组织，这家全市最有名的医院的护工大多来自附近乡村，都是整村整村的，他们结成帮派争抢地盘，全凭谁的拳头硬。这些小团体往往形成不可小觑的力量，我请亚惠的时候算是领教过了，还在病房里闹了一场小风波。

跌倒都是旦夕的忽然的，没有时间让你事先筹谋呀调查呀，所以一进医院就必须立刻请护工。我先是托骨科护士长帮忙找，护士长打了一通电话说找不到人，我慌了，但我很快想起原来骨科的一位护士调到眼科当护士长了，跟我关系不错，兴许她有办法，于是我给她打电话，她果然一口应承。可是刚才在骨科护士长身边的一个好事护士，路遇亚惠就告知她说护士值班室那里有人要请护工，于是亚惠就赶来了，亚惠那匆匆的样子让我误以为是眼科护士长叫来的。亚惠看去灵巧精干，长得不算好看，但绝对不丑，身上有着主人翁的气场，让我感觉是她丰富护理经验的外在体现，反正我是一眼相中，喜出望外。心想，没有护理站也不是不行的。

我正在庆幸自己的顺利，护士长叫的那个护工也来了，一个看去有些呆傻的老女人，两眼之间的距离特别宽，话都讲不清楚，到时候不知道谁该护理谁。她和她老公一起来的，她老公可精明着呢，死活不依，说是从很远的地方搭车赶来的，若不雇用她，就要我出车费、误工费、违约费。我真不明白她搭什么车这么快就从很远的地方赶来，当时我脑子就蒙了，忘了我有选择权，即使他们从北极来从外星来我也有这权利，凭什么让我出路费钱？这对夫妻一下子就给了我很不好的印象，我想即使没有亚惠在先我也一定看不上她，难道她搭车从远方来我就一定要雇她？岂有此理。他们不仅跟我吵，也跟亚惠发飙。正在我们吵得不可开交，斜刺里杀出亚惠的两个护工男友，他们得力的拔刀相助，让对方受了忽然的袭击，气势大减，但依然不想示弱，两拨人在病房大吵，差点动手。说"两拨人"有点不确切，亚惠这边的人越积越多，可以说是一个团体的力量，而相对那夫妻俩就是散兵游勇了，怎么是他们的对手。吓得我还是掏钱息事宁人，也并没有宁人，那对夫妻说我的钱只够路费，还要误工费，说了个不小的数目。幸亏一个护士赶来干涉，说让家属做决定！双方才散去。还是护士有震慑力。

　　我没有看错，我坚持留下的亚惠果真是个资深护工，对医院环境极熟，她用轮椅推着我做手术前的例行检查，穿梭往来于各科室轻车熟路，人脉也熟络，和导诊叫号的聊着天，和心电图室的清洁工打着招呼，不一会儿，什么心电图呀、超声波呀等等各项检查很快被拿下。我怎能不庆幸有亚惠这样的护工呢？

　　术后第一夜像过鬼门关，缠着绷带的腿压着冰袋，依然不解疼。我先生没有按护士的嘱咐买水垫，他以为护士和那些店铺串通好要赚病人的钱，结果那一夜我的腰身疼痛麻木到不能入睡，忍不住叫醒亚惠两次，让她扶我起来坐会儿，让她为我揉揉腰。第二次，亚惠就耷拉着脸子不高兴了。晨起，亚惠的脸依然很臭。我其实除了第一夜，后面还算好护理的，我只输了三天液，而且我住的病房也是很好的，两人间的，有电视看。我来时就只剩下这间最贵的病房，住不起也得住。

亚惠不但与医院工作人员关系熟络，在他们的帮派里她绝对也是不可小觑的人物，当初拔刀相助的两个护工男友，其中一个看得出来，是这个帮派的老大。这老大膀大腰圆，不时地来和亚惠搭讪，可以说几乎每天都来，看得出来，这老大对亚惠有不轨之心，从亚惠这里我却看不出来她的态度，不冷不热的。这样一来，亚惠反倒游刃有余，亚惠与自己丈夫，与这老大，还有老大的胖老婆都相处自如。我不禁佩服起亚惠的为人之术。除此之外，亚惠的骄傲也很让我吃惊，她常常说起她的舅舅，说她舅舅在外省如何如何赚大钱，她的叔叔在他们村里如何如何有势力，说到兴头上，很是扬扬自得。听得我心里倒很反感，心想这算什么呢？毕竟是农村的，这个时候我才知道，她身上那股主人翁气势不仅仅是丰富护理经验的外在体现。但表面上我只能应和。我没想到，更大的不愉快还在后头。

亚惠除了吃饭时间每次要离开一小时以外，晚上也常常请假回去很久时间。她和丈夫都做护工，在医院附近租了房子。后来离开的时间越来越多，越来越长。同病房的病友和家属都看不惯了，几次我憋尿都是同病房的家属帮忙端尿。同病房的病友是一个30多岁的男人，家是下面县城的，他的家属也就是他的妻子。作为感谢，我把我的牛奶、肉干、面包送给他的妻子。后来出院后，同病房的一大家子进城，中午时到我家里来，我热情地在酒店宴请了他们一家子，那个妻子还把她在城里读书的两个侄女也叫来了。再后来的一个中午我又接到她的电话，非常直接地说要来吃饭，让我害怕起来，我怕没完没了了，就借故推辞了。这样说起来很丢脸，像是忘恩负义，无奈我那时正做着房奴呢。如果当初亚惠能尽职一点，我也不会落下这人情。我请的毕竟是24小时的护工。

亚惠的长久离岗，最后连护士也看不下去了，她们终日不见她的踪影还以为我辞退了护工。后来有个耿直的护士实在看不下去，就去训斥她，可亚惠一脸的老油条，不睬不理，似乎也不生气。最后我终于忍不住，就说了她。我只是说了一句："你怎么这么久……"这下子，我是摸了老虎屁股，没想她一下子翻脸了，提出辞工。我一下慌了神，我说那你也要等我找到新护工呀，当初双方也算口头协议，说好半个月的。也许像我这样很少人来探访，她觉得我没有人撑腰，就放肆了。我心里定了定神想，反正钱还没付给她，谅她也不敢把我怎么样。

亚惠确实没把我怎么样，她只是臭着一张脸不停地催我，说有新主顾要雇她，不时地把手机短信给我看，还说是以前的老主顾，这次住院还要她护理，让我赶紧找人，态度越来越决绝。且做什么事都浮皮潦草，那天我的碗筷上面爬着蟑螂，她就那么拿给我，也不给我烫开水。虽然钱在我手里，我也不敢说了。我想起一个朋友说的，一个护工背地里在得罪她的雇主的菜汤里吐痰。我越想越怕，看来不赶紧找人是不行的了。

我先是央求科里的护士为我找新护工，却一直找不到。那时我还不知道，这里基本都是亚惠这一帮派的势力，我跟她闹僵，就是跟一整个帮派闹僵，没人敢来护理我，都怕得罪亚惠，她在这个小团体里，有老大罩着就够了。

亚惠要把我像一条鱼那样抛在岸上。这次连护士也不顶用了，我去哪里找护工呢？这个时候，已经好久不见的那对夫妻，就是先前向我要误工费、车旅费的那对夫妻忽然出现，他们频繁地从我的病房门口过往，尤其是那个男的，来来去去总往我这里瞟上几眼，那眼神幸灾乐祸。我几乎崩溃，情急之下，我想起在另一家医院工作的老同学，赶紧打电话托她找。两天后老同学在电话里吞吞吐吐地说找到了，只是不知那人行不行。我说哎呀我都火烧眉毛了，快把她叫来吧。于是那个叫"亚花"的护工来了。我自己都搞不清自己了，也许我是被强大的势力压倒，跟亚惠算钱的时候我竟然多给了她一些钱，我是想要缓和我们之间的关系，没想，这一点也没感动亚惠，或让她心软，她拿了那多出来的钱一点反应也没有地离去了。

亚花刚来时也是让我很满意，很有点任劳任怨的样子，尤其喜欢笑，虽然笑起来一整排上牙连着牙床全暴在外面，如果说小潘是我见到最美的护工，那么亚花就是我见到最丑的护工。然而，在这里，品德的美远比外貌的美更吸引人；在这里，品德的美才是真正的美。但没过多久她就不敬业了，后来我才知道，她跟这个小团体的护工接触了，亚惠一伙不知跟她说了什么，看来我无法摆脱亚惠的阴影。

　　亚花抱怨这抱怨那，抱怨这份工钱太少，接下来，她离岗的时间渐多，快跟亚惠有一拼了。在岗的时间也大都耗在电视剧上，她特别迷韩剧和死猪不怕开水烫的泡沫剧，另一床病人爱看武打片，飞来飞去的那种，搞得我昏头涨脑。我好不容易抢到遥控器，点开久违的百家讲坛，亚花却惦记着韩剧里的美女们，见我目不转睛地盯着电视上不帅也不年轻的教授看，便心急火燎义正词严地说："这老头讲话有什么好看！"我被她搞得哭笑不得，只能乖乖缴械，谁让我受制于人呢。亚花越来越不像话，我让她给我倒杯水喝，她就说对面那间病房里的一个病人很好护理，从不讨水喝。我要撒尿，她又说，尿多其实是一种败肾的表现！搞得我真想大哭。一个人怎么能不撒尿不喝水？除非变成机器人。另一楼层病友跟我隔壁床是老乡，常来串门，他说知足吧，他说很多护工若没有家属监督，都虐待病人了。虐待？我惊叹，这工作性质都变了呀，护工成了虐工，苍天呀，这钱花得冤呀！那时候，广州还没出现那个专门杀害病人的保姆，否则也就见怪不怪了。

好友珍来探访，珍见亚花如此懈怠，便火冒三丈，说她长得那么丑又不善良！我扑哧笑了，心想，好像长得漂亮就有资格不善良。珍说你还笑你看你都成什么样了，任人欺负了。我赶紧让珍熄火，我说你别抱怨，我说你要是把她赶走了谁护理我呀？珍便长叹，说我们的孩子都是独生子女，若又不在身边工作，将来我们免不了要请护工，国家不监管这一块怎么办呀？从此，珍便有了后顾之忧。

出院后我需要一个保姆继续照顾我，因为我的腿还不能走路。所以请了回家给我煮饭的保姆小何，保姆小何来医院接我出院，不到半天的交替时间里，亚花就在背后告诉小何，说我是个苛刻的，给我买饭菜花的钱我都要问好几遍。吓得小何一直推脱本已说好的每早去买菜。后来是小何发现我不是那样的人，才告诉了我这件事。我终于明白过来，每次手术麻药之后，至少有半年时间里我的记忆力极差，刚说过的话立马就忘了，所以常常一句话重复两遍三遍，也就造成了亚花对我的误会。小何算是比较满意的一个，病好之后，我们建立了朋友关系。可惜她后来回老家了。要不我们会一直来往。

那是我第五次跌倒，我被连夜送来一家部队医院，为我抬担架的人介绍了一个四十来岁的女人给我当护工，她一上来就用指头捅了一下我那硕大膨胀的膝盖，也许她以为是一个大瘤子。她下手有点重，我忽然大叫一声把她吓到，那声音就好像是自己发出来的，是硕大膨胀的膝盖发出来的声音，不受我控制一样。她飞快地跑得没影了，她马上在护工圈里传递了一个消息，说来了一个病人，怕是大官太太，要不就是大款太太，脾气很大，说她不敢伺候我。我以为我请护工的事情就要陷入绝境了，好在这世上从不缺勇者，勇者对那个护工说，我来试试吧，于是老妖就这样出现在我面前，于是我看到一个穿艳色服饰的胖女人，紫花衣、翠绿裤，色彩扎眼。一张大脸笑得比阳光灿烂。看她着装的样子，又听人唤她老妖，心想真是老妖了。后来才知道她姓"姚"，她那群护工老乡们都称她老姚，是故意取了谐音"老妖"的。

这样笑头笑脸的一个人的出现，让我喜出望外。她果真是勇者，竟开出天价陪护费，后来我才知道像我这样好伺候的在当时的价钱是 160 元，最多 180 元，她竟然要了我 240 元。我们自然是不了解行情的，先生还给她订了一份饭，也是基于前面护工阿惠的教训，想这样她不必回家吃饭，就可以多陪护我。这还不算，她竟然怂恿我去开单间，看来她还真把我当大官太太或大款太太。我告诉她说单间我住不起，她又说那不然就双人间吧。正好双人间的一个病人出院，我就住进去了，否则只能住走廊了。这样也就合了她的心意，她的笑容更灿烂了。以至于她接到儿子劝她不要再当护工的电话时，她用浓重的四川话说着："那也要等我护理完这个病人，很难遇到的……人好护理，价钱又高……"虽然她躲到门外，她的大嗓门还是让我听到了一些关键词。老妖50岁上下，她跟我抱怨她的姓不好，所以她绰号"老妖"。老妖的屁股坐不住，上午下午总得离开一阵子，我有时就要憋尿，老妖嘴也闲不住，那么胖了嘴巴还是吃个不停，我刚住进医院，来看我的亲朋好友比较多，水果就多，她毫不客气，吃的都比我还多。老妖尤其爱吃甜的水果，我放进柜子里的黑加仑她总是惦记，有一次终于忍不住了，见有人来看我就主动把柜子里的水果拿出来请人，自己却吃得比谁都多，一只手不停地在果盘上来来去去，直至黑加仑消失殆尽。

由于我的膝盖肿得太大，需要输液消肿一星期后才能做手术。术前，我跟老妖说，术后的那个晚上请她一定多辛苦，一定不要离开我，其实就是让她尽职一点。基于第一次膝关节手术的经验，我让她给我准备面线糊，少放肉多放面线，还要备有冷开水。因为前一晚开始就不能进食进水了，等到第二天下午手术做完，已是晚上，术后还有6个小时的禁食禁水，这么长的时间，不吃不喝，胃肠就虚弱了，只能接受流食，那时候，口渴得一定像"上甘岭"若没准备冷开水也是不行的。我的一再交代让老妖烦了，她说你放心放心！没有多少事，我都会做好的。确实没有多少事，只要用点心就能做好。我又说，术后第一个晚上我可能比较难熬，到时吵了你，请你多担待点。她很大度地说没问题。

总算平安地从手术室出来了，唯有这次手术，竟没有我担心的难熬，已做过4次手术，这是唯一一次不难受的，那个我吩咐装水的大搪瓷水杯已经放在床头柜的那头，我很放心。盼星星盼月亮地看着那个大搪瓷水杯，数着钟点，总算快盼到头了，已经饿过好几阵了，6个小时的期限马上就到了，我让老妖先去楼下买面线糊，老妖像是被解放了一样，带上饭盒撒腿就跑。我心想，这老妖还是挺有爱心的。没想到老妖就像失踪了，买三趟都该回来了。术后禁食的钟点都过了，那就先喝水吧，我伸手拿不到那个大搪瓷水杯，隔壁床的女孩和她妈妈见状，一起跑过来帮我，可我万万没想到搪瓷杯被她们高高地举在空中，因为谁也没有料到搪瓷杯竟然是空的，老妖信誓旦旦，先生也就忘了检查一遍就回家了。刚手术出来医生不建议喝矿泉水。哪怕先给我一口水润润嘴，我简直要崩溃了，隔壁床母女俩忙不迭地给我从水壶倒了滚烫的水，又用碗倒出一点凉着。那一刻我连眼泪也没有了，似乎体液和血液一同流干了，那一刻我真想诅咒老妖。老妖还没回来，这时，隔壁床女孩的父亲告诉我一个秘密，他说老妖是去弄六合彩了，他说她每天离开那么久的时间都是去买六合彩，去和赌友们探讨六合彩。那一刻我忍无可忍。老妖终于回来了，她也知道她去得太久，所以一回来就解释是电梯很堵，她才这么晚回来，鬼才相信半夜电梯会堵。反正我第一次对她发脾气，她也发了脾气，然后要撂挑子不干了。我说好，随你的便。老妖有个优点就是能服软，不一会儿，她就主动从睡椅上爬起来关心我，问我要不要喝水，还为我按摩背。我是个容易心软的人，但心里还是不舒服。

有个夜晚，病房里的电视正在播放歌曲："妈妈呀妈妈呀……"我憋了很久的泪哗哗地像开闸泄洪。我是为隔壁床的那个苦命的小女孩流的，为那个草一样的女孩流的，我想，有妈的孩子怎么也像一棵草呢？因为她的妈妈不爱她，她的爸爸也不爱她。女孩已经很乖了，女孩从手术室出来已经很虚弱了，但她的妈妈一晚上都是谩骂，她的父亲比她的母亲骂得还凶，看得出来父亲怕母亲。小女孩半夜要撒尿都要叫很久，她妈妈都不理她。我很想跟女孩的父母说点什么，可我不敢，他们看上去那么凶悍。第二天一早，老妖忽然就冲过去了，对着女孩的父母哇啦哇啦地说了一通四川话，不知那女孩的父母能否听懂，他们都是农村来的，连普通话都听不太懂呢。我反正能听懂，老妖说的是孩子已经很乖了，这么小的孩子，你们大人要有耐心，要对她好一点……啊，那天我觉得老妖很可爱，她比我勇敢。从那时开始，我对老妖不好的印象一笔勾销。那天晚上，女孩的父母出去了，我们才得知女孩的母亲不是她的亲生母亲，是后来改嫁过来的。女孩没见过她的亲生母亲，她的亲生母亲是她爷爷花钱买来的一个北方女人，生下她就逃走了。这个没有亲妈的女孩，让我想起萧红《呼兰河传》里的小团圆媳妇。女孩说着说着就流泪了，我和老妖也眼睛湿润了，女孩父母很晚都没回来，老妖就为女孩端水倒尿。我说老妖我出院以后，你还是要常来这间病房看看，看女孩有什么需要。老妖说会的会的。我说我出院时要给女孩一点钱，老妖也说要给。我说老妖你真可爱，那一晚，我和老妖紧紧拥抱在一起，尽释前嫌。老妖还说了一句："不打不相识！"女孩父母回来了，她母亲气急败坏地发现她为女孩买的卫生棉居然买错了，买到孕妇用的床上的棉垫，我赶紧说我正需要呢，卖给我吧。我害怕她又要迁怒于女孩。

老妖拿着我付给她的工资，变卦了，没有按她说的给女孩，但我走了以后，她还是去看过女孩几次，给予了女孩一些帮助，我还是很感动老妖所做的一切，不时地也会想念老妖。